# 高校数学教学理论与实践探究

鲁 鑫◎著

吉林大学出版社
·长春·

图书在版编目（ＣＩＰ）数据

高校数学教学理论与实践探究 / 鲁鑫著 . -- 长春：
吉林大学出版社，2023.10
ISBN 978-7-5768-2680-7

Ⅰ.①高… Ⅱ.①鲁… Ⅲ.①高等数学—教学研究—
高等学校 Ⅳ.① O13-42

中国国家版本馆 CIP 数据核字 (2023) 第 233218 号


书　　名　高校数学教学理论与实践探究
　　　　　GAOXIAO SHUXUE JIAOXUE LILUN YU SHIJIAN TANJIU
作　　者　鲁　鑫　著
策划编辑　殷丽爽
责任编辑　殷丽爽
责任校对　杨　宁
装帧设计　守正文化
出版发行　吉林大学出版社
社　　址　长春市人民大街 4059 号
邮政编码　130021
发行电话　0431-89580036/58
网　　址　http://www.jlup.com.cn
电子邮箱　jldxcbs@ sina.com
印　　刷　天津和萱印刷有限公司
开　　本　787mm×1092mm　1/16
印　　张　10.75
字　　数　200 千字
版　　次　2024 年 3 月　第 1 版
印　　次　2024 年 3 月　第 1 次
书　　号　ISBN 978-7-5768-2680-7
定　　价　72.00 元

## 作者简介

鲁鑫，1982 年 2 月生，辽宁鞍山人。本科毕业于鞍山科技大学信息与计算科学专业，取得理学学士学位；研究生毕业于辽宁科技大学运筹学与控制论专业，取得理学硕士学位。现任营口理工学院基础教研部副主任、副教授。主要研究方向为数学类课程教学改革、运筹与优化、供应链协调管理等。授权实用新型专利 2 项，主持辽宁省教学改革项目 1 项，主持完成校级教学改革项目 2 项，校级重点及一般科研项目 3 项，营口市教学成果奖 1 项，发表论文 20 余篇。

# 前　言

　　数学作为学习各种学科的必要工具，一直受到人们的重视。然而当前在一些高校中，仍存在着教学形式单一、课堂教学效率低下等问题，使得数学教学难以进一步发展。对此，教师在教学过程中要正视数学教学改革中存在的问题，探究对应的解决方案，对教学方式和课堂内容进行全面且深入的研究，充分利用现代化资源和教学技术，在提高课堂教学效率的基础上推进高校数学教学的发展。

　　在教学过程中，教师教的方式、学生学的方式以及数学本身都有艺术的特点。所谓数学教学艺术，就是教师在数学教学活动中以富有审美价值的独特的方式方法，创造性地组织教学，使教与学双边活动协调进行，使学生能积极、高效地学习，教学技巧是教师学识和智慧的结晶，是教师创造性地运用教学方式方法的升华，是教学规律性与教学独创性的完美结合，是求美与求真的和谐统一。

　　随着教育改革的不断推进，素质教育越来越受关注，高等教育也得到了长足的发展。但是目前，高校数学教学在对学生数学应用能力的培养上还需要进一步完善，要解决这一问题还需从教师自身的教学出发，改变现有的教学方式，创新教学方法，借助多媒体信息设备增强课堂教学的有效性，帮助学生掌握数学知识的精髓，培养学生的数学思维能力和数学应用能力，促进学生全面发展。

　　本书第一章为高校数学教学概述，分别介绍了高校数学的教学现状、高校数学的教学改革、高校数学的文化教育、高校数学课程思政与道德教育四个方面的内容；第二章为高校数学教学的要素分析，主要介绍了五个方面的内容，依次是高校数学教学的目标分析、高校数学教学的任务分析、高校数学教学的对象分析、高校数学教学的策略分析、高校数学教学的评价分析；第三章为高校数学教学方法论，分别介绍了四个方面的内容，依次是高校数学方法论概述、高校数学方法论的基本方法、高校数学的思维方法教学、创新高校数学教学方法论；第四章为高校数学教学常规方法，依次介绍了公理化教学方法、类比教学方法、归纳法与数学归纳法、数学构造教学方法、化归教学方法、数学建模教学方法六个方面的内容；第五章为高校数学教学模式的实践运用，主要介绍了六个方面的内容，分别是高校数学教学模式的建构、任务驱动教学模式的实践运用、分层次教学模式的实践运用、互动教学模式的实践运用、翻转课堂教学模式的实践运用、线上线下混合式教学模式的实践运用；第六章为高校数学教学的强化、提升与整合，分别介绍了高校数学素质教育的强化、高校数学教学效率的提升、高校数学与现代教育技术的整合三个方面的内容。

在撰写本书的过程中，笔者得到了许多专家学者的帮助和指导，参考了大量的学术文献，在此表示真诚的感谢！

限于笔者水平有限，加之时间仓促，本书难免存在一些疏漏，在此，恳请同行专家和读者朋友批评指正！

鲁鑫

2023 年 1 月

# 目　　录

# 第一章　高校数学教学概述

本书第一章为高校数学教学概述，分别介绍了高校数学的教学现状、高校数学的教学改革、高校数学的文化教育、高校数学课程思政与道德教育四个方面的内容。

## 第一节　高校数学的教学现状

人的综合素质对整个社会的发展起着重要的推动作用。切实提高学生的综合素质，符合时代发展的要求，并且有利于学生担负起时代赋予他们的历史使命和社会责任。高校数学课程包括高等数学、线性代数、概率论与数理统计等，这些数学课程均是高校的重要科目，对提高学生的综合素质至关重要。因此，高校数学教师要顺应时代步伐，努力为国家培养高素质的人才。

### 一、高校数学课程的重要性

#### （一）数学是培养学生逻辑思维能力的重要学科

与学习其他学科相比，学习数学更需要较强的逻辑思维能力。在探究和解决数学问题的过程中，学生的思维能力得到开发、逻辑推理能力得到锻炼、解题能力得到提高。

#### （二）数学能让学生形成严谨的科学态度

数学是比较考验耐心的科目，学生在解题时除了要有缜密的思维，还要有耐心。除此之外，数学的结论也是确定的，对就是对，错就是错。学生很容易在数学学习中养成严谨的科学态度。因此，高校数学教学在一定条件下培养了学生的探究精神，也间接培养了学生的科学态度，塑造了学生良好的品格。

## 二、高校数学教学存在的问题

随着我国教育水平的不断提高，以及企业对高素质人才需求量的逐年增加，企业对高校人才培养提出了更多的要求。目前，高校数学教学还存在一些不足之处，限制了学生的进一步发展。

### （一）学生学习缺乏主动性

学生学习缺乏主动性的原因主要有三点。第一，由于生源的多元化，学生的学习基础差异较大，不少学生在学习中对数学存在抵触心理，主动学习意识淡薄，他们学习数学的目的大多只是应付考试。第二，高校数学涉及的知识点较多且难度较大，很容易打击学生的学习积极性。第三，在数学课堂教学中，学生还没有形成良好的解题思路，大多套用教师的解题思路和思考问题的方式进行解题，对教师的依赖性较强。这在很大程度上限制了学生数学应用能力的进一步提高。

### （二）课程体系设置不合理

在课程体系上，高校一般将理论基础类数学课程集中安排在大一和大二，而且课程安排得较为紧凑。教师在教学时比较注重紧跟教学进度，容易忽略对学生数学应用能力的培养，不能切实地提高学生的逻辑思维能力和发散思维能力。当前，高校数学教材中的习题通常以理论推导类为主，相关应用类的习题较少，使得数学教学内容与生活实际脱节。数学教材中的部分理论知识难以理解，在实际生活中很难找到契合点，学生在课堂教学中无法深入理解抽象的数学概念，限制了学生数学应用能力的提升。

### （三）数学教学方式老旧

第一，部分高校的数学教学方式缺乏创新，教学质量难以提高。例如，部分教师仍使用"填鸭式"的教学方法，虽然能够提高学生的学习能力，但却不利于学生数学思维能力及实践能力的培养；第二，没有引入先进的教学方法及教学模式，导致很多抽象的数学概念、计算方法及原理难以被学生理解，在一定程度上影响了学生学习数学的积极性，影响了高校数学教学的进度和质量。

### （四）数学教师专业能力及综合素质参差不齐

第一，部分高校数学教师没有及时更新自己的教学理念，导致数学教学专业能力逐渐下降，越来越满足不了实际的教学要求；第二，部分高校数学教师并不是数学专业出身，所以专业知识及专业技能比较欠缺，存在专业能力不强、综合素质不高的问题；第三，部分高校数学教师刚从师范院校毕业，缺少教学经验，不能很好地引导学生深入学习高校数学知识。

## 三、解决高校数学教学问题的方法

### （一）提升教师的专业素养

高校为满足学生的个人发展需求，需要加强师资队伍建设，提高数学教师的专业化水平。数学教师要提高自身的专业素养，使自己有能力满足学生的求知欲，在教学过程中要尊重学生、理解学生，为学生营造良好的学习环境。高校也要督促教师定时学习，定期组织教师进行培训，打造一支高素质、专业化的教师队伍。

### （二）以学生为主体，发挥学生的主观能动性

高校不仅要通过数学教育让学生的数学素养有所提高，还要让学生有能力将数学理论知识合理地应用到生活中，所以高校要从多个角度出发，研究如何提高数学教学质量。教师更要以学生为主体，根据学生的学习习惯探索教学方法、制定教学方案，充分发挥学生的主观能动性。

### （三）设计具有启发性的数学问题

教师在教学中要设计启示性较强的数学问题，让学生对数学充满好奇，从而激发学生的学习积极性。随着教学活动的不断深入，教师应慢慢地让学生学会自学。如果学生在学习过程中遇到了困难，教师可以适当地引导，让学生找到解决问题的突破口。此外，教师要多安排实践类课程，尽量让理论知识与实践活动相结合，不断让学生总结实践经验。教师在这一过程中要结合具有启发性的数学问题进行教学，结合学生的心理发展特点，指导学生掌握学习数学的方法。同时，教师在进行教学活动时，也要对学生的思维能力进行系统化的锻炼，在学生掌握知识的前提下提高学生的数学思维能力，从而让学生学会独立思考。

### （四）利用网络课程资源，开展线上线下混合式教学

随着网络信息技术与教育教学的深度融合，一方面，微课、慕课等应用于数学教学中，为学生提供了丰富的学习平台与学习资源，充分体现了对学生主体性的尊重；另一方面，线上线下混合式教学可以充分发挥教师在课堂教学中的主导作用，使教师有效把控教学进度，促使学生进行数学知识的深度探究与思考。线上线下混合式教学成为高校数学课程教学改革和研究的新方向。该教学模式摆脱了传统教学模式的诸多限制，突出线上教学的优势，便于学生更加灵活地开展学

习活动，最大限度地提升学生的学习能力与核心素养。线上线下混合式教学模式支持学生进行自主学习，通过课前预习、笔记标注和课前检测帮助学生对课程内容有基本的了解，便于提升线下课堂学习效率。该教学模式支持线上课堂回看，通过回看，学生可以根据需要对重难点知识及数学问题的推导过程进行反复学习。除此以外，学生还可以通过在线讨论、师生互动交流实现对知识的巩固。线上教学与答疑突破了时空限制，使师生的互动交流更为密切，学生的学习能力也能得到有效提升。教师通过线上测试与作业了解学生的知识掌握情况，进行针对性的反馈，使学生及时得到有效指导，提高了学习效率。教学过程中线上线下开展的小组互动讨论进一步激发了学生的主观能动性和学习热情，不仅提升了学生的学习能力，而且培养了学生的互助合作意识。

教师可以借助网络教学平台为学生发布教学拓展资料，学有余力的学生可以进行自我提升。一方面突破了高校数学线下教学的局限性，另一方面也扩充了线下课程的容量，有助于学生根据自身情况进行提升，增加知识的深度，拓展知识的广度，体验数学的学习乐趣。

## （五）建立科学的数学实验课程体系

高校数学课程的教学安排不应该仅有理论讲授学时，还应该增加数学实验课的学时。数学实验课上教会学生使用矩阵实验室（MATLAB）软件解决实际问题，例如：学习高等数学空间曲线和空间曲面一节时，使用 MATLAB 编程，可以展示某空间曲线的切线和法平面、空间曲面的切平面和法线的图形，更直观的图形展示可以帮助学生建立空间感，更好地理解空间曲线和曲面。数学实验课的教学方法是多样化的，可以采用小组学习的方式，由学生自由组队，3～5 人组成小组，老师提出相应的实际问题，小组成员间相互合作，共同探讨，完成学习任务。在学习常微分方程，介绍微分方程的基本概念时，以微分方程在自然科学领域和社会科学领域的广泛应用为切入点引入微分方程的定义，使学生在学习微分方程时不是孤立地学习概念，而是从学习的伊始就意识到微分方程是数学与实际应用之间的桥梁。在学习基础的微分方程知识以后，老师可以提出与实际应用相关的问题，督促小组成员相互合作解决实际问题。例如，汽车前灯的设计问题，汽车前灯的反射镜面多是由旋转抛物面构成的，旋转抛物面的几何性质是光线经过旋转抛物面反射以后成平行光线，如何证明这一光学特性呢？这是老师抛给学生的问题，可以让学生以小组学习的形式思考采用什么方法证明。

在数学实验课程教学中，还可以设立综合实践项目，例如，请学生深入工厂，了解某种产品的生产成本、月销量，以及生产过剩造成成本增加等情况，根据了解到的实际情况建立产品的需求函数，并考虑如何让工厂实现月利润的最大化。学生在解决问题的过程中需要采集数据、分析整理、构建函数、形成结论等步骤，这些步骤相融合，充分锻炼了学生的实际应用能力和创新能力。

### （六）改革高数课程的考核评价机制

数学成绩应该全方面反映学生的学习能力和态度，在优化课程教学和开设数学实验课程以后，多样化的考核制度更适合反映学生的学习能力。增加平时成绩所占的比重，更加看重学生平时的学习态度，不以期末一张试卷决定学生是否及格。

总之，高校要把握学生的心理特点，以学生为本，尊重学生，通过启发性的教学让学生学会独立思考。另外，高校要加强师资队伍建设，提高教师的专业化水平。同时，教师要提高教学资源的使用效率，通过对教学资源的高效利用激发学生学习数学的兴趣，进而培养学生的创新能力。

# 第二节　高校数学的教学改革

2012 年，我国"高等学校本科教学质量与教学改革工程"全面启动，要求各高校全面推进数学教学改革。但由于实际教学中存在的各方面问题，部分高校数学教学改革推进困难，在形式上和质量上都没有太大的变化。对此，教师在教学时要从数学教学改革遇到的具体问题出发，结合实际情况，制定相关的教学改革方案，对已有的教学内容和教学形式进行创新和调整，在提高教学质量的同时提高学生的数学能力。

## 一、高校数学教学改革面临的问题

数学作为一门逻辑性较强的学科，其内容相对抽象、复杂，且对学生的学习能力有一定的要求。就当前部分高校选用的数学教材而言，其在内容上存在不合理性，即内容单一且偏重理论知识，既没有与实践结合，也没有与其他学科融合，这在一定程度上限制了数学这门基础学科的实用性。同时，老旧的教材内容也容易导致学生形成思维定式，达不到培养学生创新思维能力的目的。其次，在教学方式上，部分数学教师仍采用板书和习题训练等传统方法，在课堂教学过程中很难发挥学生的主体作用，学生缺乏对数学知识的思考，尤其缺乏对数学知识的应用意识。

## 二、高校数学教学改革的策略

### （一）完善教材内容，加快课堂教学改革

教材内容的单一使得学生的学习和思维方式呈现高度同化的趋势，有些学生在学习过程中遇到教材范围之外的陌生习题会感到困惑，看见综合性较强的习题不会做，要改善这一情况就需要从完善教材内容和改进课堂教学方法等方面出发。高校数学教材涵盖的知识内容庞杂，练习题目形式多变，学生只有"吃透"教材，才能顺利地完成各种练习。然而，在传统课堂教学模式下，教师能够讲解的内容比较有限，有时教师也无法完整地为学生解释知识的具体应用方法，导致学生在后续的学习中可能会遇到障碍。对此，教师在教学中可先从教材内容出发，结合实际情况制定合理的教学方案，以建模代替习题训练，运用设计巧妙的数学题目来展现数学定理的推理过程，在培养学生的数学应用能力的同时加快课堂教学改革。

例如，在教授"数列及数列极限"一课时，教师可以从教材内容出发，以数学建模的方式来引导学生深入学习。教师可以先给学生呈现简单的数列，再由简单的数列逐步地过渡到复杂的数列。在这一过程中，要注意给学生构建相应的模型，帮助学生由易到难地推导出求数列极限的方法。同时，教师也要对课堂教学形式进行改革，可以先从最简单的数列出发，教学生求数列极限的方法，然后将不同类型的数列呈现出来，引导学生通过自主思考和分析，求出这些数列的极限；也可以将一些实际案例和课堂内容结合起来，例如，将学生高中学过的等差数列和等比数列应用到高校数学课堂教学中。教师从教学实际出发完善教材内容的这种做法，能有效地推进课堂教学改革。

### （二）构建生本课堂，培养学生自主学习的习惯

教师在教学中要注意"以学生为本"。教师只有保障学生在课堂上的主体地位，才能充分激发学生的潜能。大学生具备一定的自主学习能力，应该积极、主动地学习数学知识。为此，教师在教学过程中应构建生本课堂，结合课堂教学内容促使学生主动学习，让学生来主导课堂教学进度，发挥自己在课堂教学活动中的主体作用，从而提高学生的学习积极性，使学生养成自主学习的好习惯。

例如，在教授"空间直线方程和空间平面方程"一课时，教师要从学生的认知水平出发，给学生创设合理的学习环境，促使学生自主学习。教师可以从最简单的平面直线方程讲起，逐步地拓展到空间直线方程，并询问学生在空间中如何确定直线方程、需要哪些步骤等。同时，要尽量给学生讲解完整的解题步骤，如构建空间直角坐标系、确定空间点的坐标、设方程等。在学生对解题步骤有了大致了解后，教师可以讲解一些例题，让学生掌握解题的基本思路，同时可以将学习内容进一步拓展到空间中的平面方程，这次可以让学生自主探究，并给予其足够的时间。学生既可以在网络上查阅资料，也可以从教材里查找知识点并进行推理论证。在必要的时候教师也可以进行提示，以帮助学生高效地获取数学知识。教师在教学过程中应确立"以学生为本"的课堂教学理念，并注重对学生的自主学习能力的培养。这样做不仅能够达到数学教学改革的目的，也能够帮助学生养成良好的学习习惯。

## （三）应用混合式教学模式，提升教学改革成果

### 1. 在课前预习环节的应用

高校数学课程所涵盖的知识点与知识内容较为繁杂且具备一定难度，而在实际教学中教师可能因有限的课时而无法将所教授的知识内容以"掰开了、揉碎了"的方式向学生进行讲解，进而在一定程度上影响了高等数学课堂教学的有效性、全面性。因此，高校数学教师需要结合实际情况科学合理地开展课前预习工作。

首先，教师可以基于高校数学课程教学大纲中的相关要求和标准对教学内容、教学目标以及知识结构进行设计，并根据所设计的内容制定具备针对性的课前预习评价制度，在设计教学内容和评价制度时教师需要根据学生的实际情况，按层次性原则对上述内容进行设计，确保所准备的学习资源适用于每个层次的学生，另外，教师需要结合实际内容提出具有引导性的问题，确保学生可以通过引导问题有效了解教学内容，实现高质量的课前预习效果。

其次，教师需要将准备的教学内容进行数字化并上传至网络在线学习平台，通知学生前往该平台对课前预习所需的教学内容进行自行观看和学习，利用琐碎时间完成教师布置的测试题、课前习题等相关内容，而后学生需要利用在线学习平台中的反馈功能将学习过程中遇到的困难或对教学内容的建议反馈给教师，教师需要对反馈内容进行统一分析，根据学生反馈的情况进行备课，以此切实有效地提高整体教学质量，使教学过程具备较强的科学性、针对性和全面性。

最后，教师需要根据学生自主学习能力与自主学习情况，有针对性地提高对

学生自主学习的监督管理水平，可以在对学生的综合评价中加入章节测试结果、学生自主学习情况等相关指标并根据综合评价实际内容对相关指标进行精确划分，确保指标内容在综合评价中的占比较为科学合理，以此提高学生对综合评价的重视，进而达到督促学生自主学习的目的。除此之外，通过习题测试、自主学习等方式，可以确保学生第一时间发现自身的薄弱之处，并有针对性地对薄弱之处进行强化学习，以提高学习质量。

2. 在课中讲解环节的应用

教师可以采集线上学习平台中学生自主学习期间所产生的数据信息并对信息进行有效分析，这样便可以及时了解学生自主学习的情况并对教学设计内容进行有效优化。教师可以在线下教学时简单讲解学生已经掌握的知识点，重点讲解学生不理解的内容与相关知识点。在讲解完成后，教师可以根据学生层次的不同制定难度不同的相关练习题，由学生自主完成，这样可以确保所有学生均能有效完成习题内容并实现知识巩固的效果。

例如，教师可以利用线上学习平台为学生提供难度不同、类型不同的习题，确保习题内容、习题类型的多样性、全面性以及系统性，而学生则可以根据自身实际情况与具体学习需求选择具备针对性的习题进行训练，高质量完成习题内容不仅可以有效提高学生学习高等数学的信心与兴趣，同时也可以切实提高学生对数学知识的掌握程度，实现培养学生探索能力、自主学习能力以及思维逻辑的效果。学生在完成习题后也可以根据习题内容、习题类型向教师提供建议或意见，而后教师便可以基于学生的反馈对习题进行改进与优化，确保习题难度可以始终契合学生的具体学习需求。若学生在完成习题期间遇到无法独立完成的习题，则可以在线上平台向教师或同学求助，教师可以根据学生的实际情况，如知识点掌握程度、学习能力、习题难度等相关因素为学生提供有效的引导，使学生在引导下完成习题。

## （四）改进评价方式，鼓励学生进行自主学习

自主学习是高校学生的重要学习方式之一，已经具备自主学习能力的高校学生早已习惯自行解决学习中遇到的问题，也拥有较多的独立解决这些问题的经验。在这种情况下，教师应适当改进评价学生的方式，使之满足学生的发展需求。目前，许多高校在设置数学课程评价标准时采用了考试成绩与平时表现相结合的综合评价方案。为了鼓励学生自主学习，教师可以在平时表现环节给予学生自我评价的机会。与此同时，高校数学教师还可以组建合作学习小组，开展学生互评，

要求各组学生在完成任意阶段的学习任务后互相打分，并将分数记录下来，作为期末成绩的评价依据之一。通过这种方式，学生能够真正参与到学习评价中。一方面，学生可以拥有更大的学习自主权，保持良好的心理状态；另一方面，学生能够在教师的引导下更加客观地看待自己的学习效果，在反思中进步。

综上所述，当前的高校数学教学在教材内容、教学方法和教学形式上存在一些问题，在一定程度上影响了数学教学改革的进度，也限制和束缚了学生数学思维能力的发展。对此，高校数学教师在教学过程中要正确认识数学教学改革中存在的问题，基于实际情况对教学内容、教学方法和教学形式进行相应调整，加快对教学内容和教学方法的改革和创新，使之满足学生的实际学习需求，并构建高效自主的课堂，培养学生的数学能力和自主学习的好习惯，在促进课堂教学改革的同时，发挥数学学科对提升学生综合素养的积极作用。

# 第三节　高校数学的文化教育

高校课程专业性强、难度大，尤其是数学课程，本身的理论性和抽象性极强，是很多学生在学习过程中的一个难点。对数学教学来说，教师不能局限于单纯的理论知识讲解，而要教会学生用数学思维解决数学问题，帮助学生提高逻辑思维能力。数学教师应当认识到数学文化的重要性，要对其进行深层次、多角度的理解，抓住其中关键，将数学文化渗透到高校数学教学当中，帮助学生学会运用数学方法解决实际问题，进而获得更好的教学效果。

## 一、数学文化的内涵

在当前的教育活动中，高校数学教学大多局限于单纯的理论知识，舍弃了数学的文化内涵。因此，将数学文化渗透到教学之中，是我们应该关注的和了解的。而对数学文化，可以从狭义和广义两个不同的角度予以辨析。

### （一）狭义上的数学文化

从狭义的角度来说，数学文化包含的内容相对较少，主要涉及数学思想、数学方法、数学观点、数学语言、数学精神，以及这些思想、方法、观点形成与发展的过程。例如数学思想，比较常见的有数形结合思想、函数思想、类比思想等。再例如数学语言——数学界一种专门的语言，用来表示数学关系或数学逻辑。实际上，学生需要掌握这些数学文化，尤其是数学方法和数学思想。掌握这些方法和思想有助于学生切实提高自身的学习能力和解题能力，进而取得优异的成绩。

### （二）广义上的数学文化

对数学文化，除了有狭义层面的理解之外，还有广义层面的理解。例如，数学家、数学史、数学美学以及数学在其发展中与社会所产生的各种关联，都可以归入数学文化的范畴。比如数学家，很多数学观念和理论都来自数学家，这些数学家的个人思想品质与精神，可以对学生学习数学起到一定的导向作用，有助于推动学生的发展。再比如数学美学，通过揭示数学中蕴含的美学元素，可以让学生感受到数学的魅力，从而产生更强烈的学习兴趣。从广义的角度来讲，数学文化包含的内容相当丰富。

总的来说，数学文化有狭义和广义之分，其内涵相当丰富。但是从教学的角度来讲，课堂教学的时间和空间都是有限的，教师不可能在有限的时间与空间中无限制地融入其他内容。因此就要有所选择，即选择其中的重点，尤其是对学生学习有积极作用的数学文化，将其融入教学活动，进而提高教学效率。

## 二、在高校数学教学过程中渗透数学文化的意义与原则

### （一）在高校数学教学中渗透数学文化的意义

对高校数学教学活动而言，将数学文化渗透进来，具有多方面的积极意义。

首先，数学文化的渗透能够使课堂教学内容更加丰富、充实，从而起到激发学生学习兴趣的作用。单纯的理论知识讲解容易让学生感到枯燥，在教学过程中融入数学思想、方法等内容，能够吸引学生全身心地参与教学活动。

其次，数学文化的渗透有助于提高学生的学科核心素养。学科核心素养是一门课程所对应的主要素养，也是学生必须具备的素养。将数学文化渗透到高校数学教学之中，可以更好地培养学生的学科核心素养。

最后，数学文化的渗透有助于加深学生对数学课程的认识，理解数学课程和其他专业课程之间的关系，从而使学生端正学习态度，并且逐步形成灵活运用所学知识的能力，进而提高学生的数学素养。

### （二）在高校数学教学中渗透数学文化的原则

在数学教学中渗透数学文化，并不是简单地将数学文化引入课堂，而是需要

遵循一些重要的原则，在遵循这些原则的基础上渗透数学文化教育，才能达到理想的效果。

第一，分清主次。数学教学和数学文化教育虽然相互关联，但却有主次之分。从教学活动的本质来讲，在高校数学教学活动中，数学教学处于主体地位，数学文化教育只起辅助作用。因此在教学实践中，教师要分清主次，把握数学教学这个主体，避免出现主客体地位颠倒的问题。

第二，相辅相成。数学文化的内容很丰富，在课堂上要有选择地渗透数学文化。在选择的过程中，要让数学文化和教学内容保持对应，这样才能产生积极的效果。如果选择的数学文化和教学内容无法对应，可能还会对教学活动的顺利开展造成负面影响。

第三，方式多样。在渗透数学文化的过程中，采取的方式、方法不能单一，要秉持多样化的原则，通过多种不同的方法和手段将数学文化教育和数学教学结合起来。这样才能使教学活动始终保持新鲜感，实现二者的有效结合。

## 三、在高校数学教学中渗透数学文化的重要作用

### （一）有助于调动学生的学习积极性

在一些学生眼里，数学知识不易理解，而且枯燥，因此他们对学习数学没有什么兴趣。所以，高校数学教师在课堂教学过程中应充分调动学生的学习积极性，使其对学习数学产生兴趣。在课上适当引入数学文化就是一种激发学生学习兴趣的好办法。打个比方，在推导数学公式及定理时，向学生适时讲述数学家当时所处的历史背景，不但可以让课堂氛围变得更热烈，让学生感受到数学课很有趣，还可以使那些晦涩难懂的数学知识具体化与形象化，让学生开阔视野，感受到学习数学的乐趣。数学教师的一大职责是调动学生学习的积极性，让他们有更多的力量与信心去研究数学。优秀的数学教师会给学生留有最美好的印象，究其原因，是他能够让学生更加热爱数学。

### （二）有助于培养学生的逻辑思维能力

数学素质就是对数学的思考能力，也就是运算、空间联想以及逻辑思考的能力，逻辑思考是其中的主要环节。高校数学教师在开展数学教学活动时需要激发学生的发散思维，关注学生对学习方法的掌握情况。数学对培养人们逻辑思维能力的意义十分重大。虽然数学中的很多具象知识并不能直接应用于人们未来的工

作和生活中，但这样的思维训练却让所有学习者都能够在未来就业中受益。所以，无论学生将来从事何种职业，学习数学对其而言都很有益处。

### （三）有助于提高学生的创新能力

所有学科发展到今天都离不开创新二字，数学也是如此。无论是有理数、无理数，还是实数、复数、群论等，都要架构在创新的基础上。因而，数学也是一门"创造性的艺术"。我们应当挖掘数学创新的文化价值，要让学生勇于开拓创新，针对各种数学问题提出新的解答思路。

### （四）有助于改变学生的学习方式

课程教学中提倡体验式学习、合作式学习以及自主式学习。数学文化的内涵并非看看数学书便能了解的，需要学生在自己原有的能力与知识储备的基础上，通过自主学习掌握其精髓。在课堂教学过程中，教师对数学文化进行渗透能够使学生在掌握数学文化的前提下，结合数学文化解决实际问题。教师可以带动学生养成勤动手、勤动脑的习惯，使学生在学习的过程中能够更好地发现、提出与解决问题，进一步培养学生的自主探究能力，如此才能改进学生的学习方式，使学生在学习过程中能够真正发挥其主体作用。

## 四、在高校数学教学中渗透数学文化的条件

### （一）教师的授课能力

教师授课能力的提升分为两个阶段：一是入职前的学习阶段，二是入职后的培养阶段。在入职前的学习阶段，教师主要学习教育学基础知识和专业知识。为师者必须要对自己的专业知识和综合素质有很高的要求，这样才能做好传道、授业、解惑的工作。学校在进行教师招聘的时候，不仅要注重教师的专业能力，还要注重教师的个人素质。教师在入职之后不能止步不前，而是要不断地提升自己的能力，不断地学习和改变自己；必须时刻紧跟时代发展的步伐，了解最新的教学理念；要与时俱进，不断总结教学经验，努力培养国家发展所需的人才。

### （二）学校的硬件设施

学校的硬件设施是指学校为教学活动提供的良好的环境、设备、平台等。为了将数学文化渗透到高校数学教学中，学校需要为学生和教师提供一个平台。在创建平台的过程中，学校可以采取多种多样的方法。例如，学校可以组织创建数学文化交流社团，将数学文化更好地传播出去。只有让更多的学生对学习数学产

生兴趣，对数学文化有更深的了解，数学文化的渗透才是有效的。学校也可以在图书馆中提供与数学文化相关的书籍资料，让教师和学生有更多的机会学习数学文化。

## 五、在高校数学教学中渗透数学文化的方法

### （一）运用多元化的教学方式

在教学过程中渗透数学文化，需要更为灵活、更为多元的教学方式与之相搭配，同时要配备相应的教学内容。对此，教师可以鼓励学生采取不同的方法寻找资料，并以论文的形式记录下来，帮助学生养成良好的知识积累习惯，让学生更加积极主动地学习数学文化。

### （二）介绍数学发展史

向学生讲述教学内容的相关背景，有利于加深学生对知识的理解。当学生对数学知识的背景更加了解时，就会更有兴趣学习数学。数学教学不但需要创新方法，还需要不断探索如何激发学生学习数学的兴趣等问题。

### （三）阐明数学思想

数学教育的重要性不仅在于传授数学知识，还在于教师可以在实施数学教育的过程中培养学生的数学思维，进而提高学生的数学能力。相关专家认为，成功的数学教学，指的是数学方法与科学精神深植于学生的内心，同时对其生活和工作产生积极影响的数学教学。对所有的相关概念，假使把它们放在广阔的文化环境中，然后从其形成、发展与外延等视角进行解读，那么学生学好数学也就会变得简单许多。

### （四）合理引入数学史、数学家的经历

数学更加偏向理性，具有发人深省、启人深思的效果。虽说部分学生对学习数学感到吃力，但他们对学习数学并未完全失去信心。假如教师将数学史与数学教学联系在一起，结合史料对数学家的生平经历加以分析，让学生理解今天学习的数学定理是无数前辈用辛勤的汗水推导出来的，学生便会更懂得珍惜，更加用功地学习。例如，在讲授伯努利大数定律相关内容的时候，通过向学生介绍瑞士伯努利家族对数学孜孜以求的精神，培养学生积极探索、不畏失败及顽强拼搏的探索精神。所以，数学文化教学也是高校数学教学的重要组成部分，它能更好地激发学生的学习兴趣。

### （五）挖掘数学文化的美学价值

数学美学也是数学文化的重要内容，数学美学的表现形式主要包括简洁美、对称美以及奇异美等。在教学过程中，教师要学会带学生领略数学的美。例如，运算、数字符号是简洁美的表现；几何图形里的诸多知识体现了对称美，如点、线、面的对称等。奇异美指的是数学拥有能够引起人们的好奇心，让人们有强烈的欲望去探索其中奥秘的魅力。显然，教师要注重提升自身的美学素养，这样才能更好地引导学生探索数学美学，使学生懂得欣赏数学之美，使其学习数学时更有动力；使学生可以借助数学美学陶冶情操，达到寓教于乐的目的。当数学的某方面并没有凸显美时，我们可以按照实际需要对其进行适当的调整。该方法就是补美法，也就是创造数学美的方法。

综上所述，要想在高校数学教学过程中对数学文化进行充分的渗透，首先要做的便是提升教师的数学素养，使其能够对课程内容进行优化设置，利用多种教学途径激发学生学习数学的兴趣。此外，高校数学教师在教学过程中也需要培养学生善于发现数学美的能力，给学生一种很好的体验和感受。唯有如此，方能让学生在学习数学的过程中体会到数学文化的博大精深，从而进一步提高学生的综合素养。

# 第四节　高校数学课程思政与道德教育

教书育人是学校的重要责任，在课程中融入课程思政思想，对学生进行德育教育是学校育人工作中非常重要的一部分。在高校数学课上融入课程思政思想，可以使学生形成良好的道德品质，素质得到提升，促进学生全面发展。

2020 年教育部印发了关于《高等学校课程思政建设指导纲要》的通知，提出将课程思政融入课堂教学建设全过程。全面利用课程思政开展德育教育。当前仍有部分高校只注重知识和技能教育，而在一定程度上忽视了道德教育，正因为忽视了德育，部分学生才会产生一些不良的思想与行为，导致其人生志向模糊，甚至难以树立正确的人生观。长此以往，后果不堪设想。

实施德育不仅是学校领导、政工干部及政治类课程任课教师的工作，数学教师也有着义不容辞的责任。那么，高校数学教师怎样才能将课程思政与数学教学有机融合，做到理论联系实际呢？本节试图通过以下内容，探究"如何在高校数学课堂中融入课程思政、渗透德育"的问题。

## 一、在高校数学课上融入课程思政、渗透德育的重要性

首先，在高校数学课程中融入课程思政、渗透德育，是当下高等教育的发展要求。学校是学生求学的主要场所，学生因成长环境以及家庭背景不同，各方面素质和性格也有比较大差异。数学课是高校课程重要的组成部分，是基础性的课程，在教学体系中占有重要地位。在高校数学课上对学生开展德育，对提升学生各方面的素质、实现高校的教育目标是有帮助的。因此，在高校数学课上融入课程思政、渗透德育是非常有必要的。

其次，在高校数学课上融入课程思政、渗透德育，是提升学生综合素养的必然要求。刚刚进入大学的学生，其三观尚未完全形成，教师在此阶段进行德育，引导学生树立正确的三观，对学生的健康发展十分重要。随着社会的飞速发展，各个企业对人才的要求也越来越高，不仅要求人才具备过硬的专业素质，还要求人才具备爱岗敬业以及诚实守信的品质。在高校数学课上渗透德育，对培养学生的这些品质具有积极的作用，有助于学生毕业后顺利择业。

## 二、在高校数学教学中融入课程思政、渗透德育的原则

### （一）有机整合原则

在高校数学教学中融入课程思政、渗透德育就需要把德育的大纲与数学教学的内容相结合，让德育原则渗透到高校数学教学中去。高校数学教学的内容主要分为微积分学、代数学、几何学、概率论等几大类，主要涉及一些理论知识与解题技能。学习这些课程，学生需要具备一定的抽象思维能力、逻辑推理能力、空间想象能力、运算能力。这就需要教师在教学过程中把握好德育与数学教学之间的联系，在保证教好数学知识和培养学生学习能力的同时，有效地融入课程思政、渗透德育。如在教学方法上，可以选取德育与数学教学之间相通的点对学生进行教育，让学生可以在学习中接受德育。

### （二）循序渐进原则

循序渐进原则在德育与数学教学中是相通的，因为学生在不同阶段的心智、兴趣与思考方式存在较大差异，这就需要教师在教学过程中根据循序渐进的原则，结合实际情况有针对性地渗透德育，让学生可以自然地接受德育。

### （三）情感原则

无论是什么学科，课程思政融入、德育渗透都与情感投入有着不可分割的关

系。这就需要教师在给学生讲解数学知识时投入一定的情感。通过这样的教学方式，可以使教师与学生产生情感上的共鸣，让学生愿意配合教师的工作，积极地参与课堂教学活动。

## 三、如何融合课程思政培养学生良好的道德品质

### （一）通过榜样的力量进行德育渗透

心理学研究表明，榜样对青年具有很大的感染力和说服力，好的事例和故事能帮助学生树立崇高的理想，增强学生的奋斗意识。因此，教师可以在教学中讲述一些榜样人物的故事，如华罗庚幼年时虽未接受过正规教育，可他通过艰苦努力，自学成才，为数学事业做出了巨大贡献；著名数学家陈景润顽强拼搏，在"哥德巴赫猜想"的征途上遥遥领先。另外，教师还可以向学生介绍中国古代的数学成就，如祖氏公理的发现早于世界其他国家一千一百多年，杨辉三角的发现先于其他国家近四百年，祖冲之对圆周率的计算、负数的使用、方程组的解法都比欧洲早一千多年；也可以谈谈为什么教材上的许多数学定理都是以外国人的名字命名的，从而帮助学生树立艰苦奋斗、努力拼搏的意识，树立崇高的理想，让学生珍惜受教育的机会，端正自己的学习态度。

### （二）通过创设教学情境及时进行德育渗透

数学教材中的许多内容都是对学生进行世界观教育的好材料，在数学教学过程中，只要我们用心思考，就可以通过创设教学情境及时进行德育渗透。

怎样对待数学难题？不同的人会有不同的回答。解数学题必须在满足定理、公理的条件下进行，否则将不能得到正确的结果。解题时对规则的遵守是绝对的、无条件的、不能打折扣的，忽视这些条件的约束是要受到"惩罚"的。这一道理反映到生活中就是做事之前要理解规则，这些规则可能是一些程序、纪律、法规等。总之，数学所折射出的对理性的追求在日常生活中有很多体现，在数学课堂进行德育渗透，可以培养学生正确的世界观、人生观。

### （三）将数学知识与人文精神相结合进行德育渗透

"人文"一词最早出现在《易经》，它包含两方面意思：一是"人"，一是"文"。现代人文精神的实质是指以人为本，强调要尊重人，充分肯定人的价值，重视文化教育，提高人的素质，树立高尚的道德追求，使人得到全面的发展。

数学课中的人文因素是相当丰富的。当前，高校数学教学的主要目标是让学生掌握基本知识和技能、技巧，人文的成分比较少，学生只能在数学世界的内部看问题，眼界不开阔，不会运用数学中的基本思想、方法处理社会问题，也不会"从数学的角度看问题"。因此，把数学中具有人文价值的内容、思想、方法揭示出来，通过不断地摸索和提高，让学生学会以数学知识为载体认识客观世界是十分有必要的。

## （四）通过教师的道德示范作用提高学生的道德品质

教师的一言一行、方方面面都会受到学生的关注。著名教育家陶行知先生曾说："先生不应该专教书，他的责任是教人做人；学生不应该专读书，他的责任是学习人生之道。"[1] 唐代文学家韩愈在《师说》中也把"传道"定位成教师的第一责任。道德是极具感染力的，教师的点点滴滴都在影响学生。"学高为师，身正为范"是作为教师的职业使命，教师要言传身教，让学生成为一个充满正能量的人。高校数学教师应该坚持正确的政治方向，具有高尚的思想品质和崇高的精神境界；应该具有丰富的数学专业知识、乐观向上的精神、甘愿为学生奉献和服务的态度。孔子云："其身正，不令而行。其身不正，虽令不从。"[2] 一个道德品质高尚的教师必定能用自身的感召力影响学生，帮助学生提高道德品质。随着学生道德修养的提高，全社会的道德水准也会随之提升，这是一件具有深远意义的大事，值得每一位教师去努力奋斗。

---

① 郑惠懋. 学校领导策略研究［M］. 厦门：厦门大学出版社，2016.
② 徐恩恕.《论语》伴我行［M］. 长春：吉林出版集团股份有限公司，2017.

# 第二章　高校数学教学的要素分析

本书第二章为高校数学教学的要素分析，主要介绍了五个方面的内容，依次是高校数学教学的目标分析、高校数学教学的任务分析、高校数学教学的对象分析、高校数学教学的策略分析、高校数学教学的评价分析。

## 第一节　高校数学教学的目标分析

### 一、高校数学教学目标的定义及其功能

制订教学目标是高校数学课堂教学设计的第一步，是教师完成教学任务所要达到的要求或标准。这里说的教学目标，是指在课堂教学活动中由一个课时或多个课时构成的教学课题目标，是学生数学学习的预期结果。

这里有一个问题需要注意，那就是如何处理教学内容分析与教学目标设计两项工作顺序的关系。从理论上来说，要先确定教学目标，然后分析教学内容。但在深入编写具体教学目标时，如果对具体的内容没有确切的把握，不了解学生的水平，目标编写会有困难。因此，实际的做法是分析教学内容、学情之后，再编写教学目标。

高校数学教学目标在教学中有三个功能：导学、导教、导评价。

当下，某些高校应用的目标教学法就是将一节课的教学过程分解为课堂导入、展示教学目标、遵循教学目标教学、目标测评等几个环节，并根据这些环节组织实施教学。运用目标教学法能使教师的教和学生的学有一个统一明确的要求。教师以教学目标为导向，在整个教学过程中围绕教学目标展开一系列教学活动，并以此来激发学生的学习兴趣与积极性，激励学生为实现教学目标而努力学习。使学生学有目标，听有方向，在教师的引导下真正成为学习的主人，充分发挥自身

的主体作用。与其他教学法相比，目标教学法更注重教学过程以及教学效果。由此可见，目标教学法是一种以教师为主导、以学生为主体、以教学目标为主线的教学方法。

## 二、高校教学目标的分类

### （一）认知领域目标分类

20世纪50年代，以美国教育家和心理学家布鲁姆（Bloom）为代表的美国心理学家公布了认知领域的教育目标分类。

认知领域教育目标根据学生掌握知识的深度，由低级到高级分为知识、领会、运用、分析、综合和评价六级水平。

1. 知识

知识指对先前学习的材料的记忆。一个人有没有知识是他内在能力的一个方面，可以通过让他回答是什么的问题，做出对知识水平的推测。

2. 领会

领会比知识高一级，指能把握材料的意义。要求问题情境与原先学习的情境有适当变化。例如，可以用自己的话重述导数的定义，或会求较简单的函数，如一次函数、二次函数在某点的导数等。

3. 运用

运用是理解的标志，指能将习得的材料应用于新环境，主要指概念和原理的理解与运用。

4. 分析

分析指单一概念和原理的运用。分析要求综合运用概念和原理，能分析材料结构成分并理解其组织结构。

5. 综合

综合比分析高一级，指能将部分组成新的整体，需要利用已有概念和规则产生新的思维产品。如在已知内、外函数导数的基础上，能推导出复合函数求导公式、综合应用求导公式等。

6. 评价

评价指依据准则和标准对材料做出判断，是最高水平的认知学习结果。例如，能认识到求导方法或微分的方法是我们通过函数局部性质来认识整体、通过近似来认识精确、通过直线认识曲线的基本方法。

### （二）情感领域目标分类

人的情感是学校教育的一个重要组成部分，但是，人的情感反应更多地表现为一种心理内部过程，具有一定的内隐性。所以，情感领域的学习目标不易设计。依据价值内化的程度，可以将这一领域的目标由低到高分为五级。

1. 接受

接受是情感的起点，指学生愿意注意特殊的现象或刺激。例如，认真听课、看书、看课件等。从教的方面来看，其任务是指引起和维持学生的注意。学习结果包括从意识到对事物存在的简单注意再到学生的选择性注意，是低级的价值文化水平。

2. 反应

反应指学生主动参与。处于这一水平的学生不仅注意某种现象，而且以某种方式对它做出反应。例如，参加小组讨论、回答问题、完成教师布置的作业等。这类目标与教师通常所说的"兴趣"类似，强调特殊活动的选择与满足。

3. 评价

评价指学生将特殊的对象、现象或行为与一定的价值标准相联系，包括接受某种价值标准、偏爱某种价值标准和为某种价值标准做奉献。这一阶段的学习结果所涉及行为的一致性和稳定性使得这种价值标准清晰可辨。价值化与教师通常所说的"态度"和"欣赏"类似。例如，学生被欧拉从事数学研究的百折不挠的精神感动，能够和自己的学习相比较，见贤思齐，产生了向欧拉学习的想法。再如，学生在数学学习中体会到数学是严谨的科学，言必有据，从而受到学科的熏陶，认为平时做事、做人也要诚实，来不得半点虚假。

4. 组织

组织指学生遇到各种价值观念时，将价值观念组织成一个系统，对各种价值观加以比较，确定它们之间的相互关系和重要性，接受自己认为重要的价值观，形成个人的价值观念体系。例如，当班里有同学问自己问题时，是给同学讲解问题，还是由于忙于作业而不理会同学。再如，在课后是先完成作业还是先玩会儿等。

5. 个性化

个性化是情感教育的最高境界，是内化了的价值体系变成了学生的性格特征，即形成了自己的人生观、世界观。达到这一阶段后，行为是一致的和可预测的。例如，良好的学习习惯、谦虚的态度、乐于助人的精神等。

情感学习目标启示我们，情感教学是一个价值标准不断内化的过程。外在的价值标准要变成学生内在的价值必须经历接受、反应、评价、组织等连续内化的过程。数学教学要重视学生的情感培养，有效实现各类教学目标。

## （三）动作技能领域目标分类

动作技能教育目标可以分成七级。

### 1.直觉

直觉是指运用感官获得信息以指导动作。例如，学生在课堂上看老师在黑板上示范用描点法画反比例函数的图像：列表、描点、连线。

### 2.定向

定向是指对稳定活动的准备，包括心理定向、生理定向和情绪准备。例如，学生看到老师画图像，就想着自己也要画函数图像。

### 3.有指导的反应

有指导的反应是指复杂动作技能学习的早期阶段，包括模仿和尝试错误。例如，学生在老师的指导下开始学习：列表、描点、连线，画出函数的图像。

### 4.机械学习

机械学习是指学生的反应已成为习惯，能以某种熟练和自信的水平完成动作。学生能够独立画出一些函数的图像。

### 5.复杂的外显反应

复杂的外显反应是指包含复杂动作模式的熟练动作操作。操作的熟练性以迅速、精确和轻松为指标。学生能非常迅速地描出几个特殊点，画出函数的图像，函数的基本性质（单调性、对称性、渐近线等）没有错误。

### 6.适应

适应是指技能的高度发展水平，学生能修正自己的动作模式以适应工具条件或满足具体情境的需要。学生能根据给出的函数与工具，画函数图像。

### 7.创新

创新是指创造新的动作模式以适应具体情境，强调以高度发展的技能为基础的创新能力。

指导教学目标设计与陈述的另一种分类系统是加涅的学习结果分类。由于教学目标是预期的学生学习结果，所以教学目标与学习结果是指同一件事。

两个系统在三个领域的划分是完全相同的。但布鲁姆在认知领域的目标是指导教学结果的测量和评价的，没有阐明知识和智慧技能习得的过程和条件，教师在随后的教学中为学生创设良好的条件以促进学习的发生就缺乏依据，学生也无法依据教学目标所确定的要求进行学习方法的选择，所以导学和导教的功能无法顺利实现。布鲁姆的目标分类设计若干概念的综合运用，更适用于较大的教学单元的目标设置，小范围的教学目标容易造成重复。而学习结果分类形成的年代较晚，它用知识阐明了学生习得的能力的本质。学生习得的认知能力除了言语信息之外，就是智慧技能和认知策略。智慧技能的知识本质是习得的概念和原理的运用。认知策略的本质也是指导人们如何进行学习、思维和记忆的规则的运用。对于学生自发形成的认知策略可以用内隐知识来解释。这样人们就不必在广义的知识之外去寻求不可捉摸的能力发展了。学习结果分类阐明了每类学习结果得以出现的过程和条件，以及其测量的行为指标。因此，这一分类系统不仅有助于学习结果的测量和评价，而且有助于导学和导教。

将教学目标按层级分类是比较合适的。

第一层级，主成分以记忆因素为主要标志，培养的是以记忆为主的基本能力，目标测试应当看基本事实、方法的记忆水平，标准是获得的知识量以及掌握的准确性。

第二层级，主成分以理解因素为主要标志，培养的是以理解为主的基本能力，目标测试看能否解决常规性、通用性问题，包括能否满意地解决综合性问题。这里，解决问题的前提是理解，是对知识的实质性领会以及经过自己的检验因而具有广泛迁移性的领会。标准是运用知识的水平，如正确性、灵活性、敏捷性、深刻性等。

第三层级，以探究因素为主要标志，培养的是以评判为主的基本能力，目标测试看能否对解决问题的过程进行反思，即检验过程的正确性、合理性及其优劣。标准是思维的深刻性、批判性、全面性、独创性。

## 三、高校数学教学目标的陈述

习惯上，我国高校教师教案中的教学目标关注知识与技能维度较多，一般都用"了解""理解""掌握""运用"等词语表述，但这些词语所表达的教学意图是含糊的。为了使目标更加具体、实用，应当结合当前的教学内容陈述教学目标，阐述清楚经过教学学生将会有哪些变化，会做哪些以前不会做的事，以使教学目标成为有效教学的依据，防止教学中的"见木不见林"，同时为检查学习效果提供依据。

## （一）教学目标陈述方法

### 1. 马杰的行为目标陈述法

学者马杰于 1962 年根据行为主义心理学论述了行为目标理论。行为目标是指用可观察和可测量的行为陈述目标。写得好的行为目标具有三个要素：一是说明通过教学后，学生能做什么（或说什么）；二是规定学生行为产生的条件；三是规定符合要求的作业标准。即行为、条件、标准。用马杰的行为目标陈述方法来编写教学目标会使得教学目标具体而明确，具有可观察性、可测量性。

行为目标避免了用传统方法陈述目标的含糊性，但它只强调了行为结果而未注意内在的心理过程，容易使教师只注意学生外在的行为变化，而忽视内在的能力和情感的变化。

### 2. 内部过程与外显行为相结合的目标陈述法

从认知心理学的角度来看，学习的实质是内在心理的变化。因此教育的真正目标不仅是具体的行为变化，更是内在的能力或情感的变化。教师在陈述教学目标时，首先要明确陈述如记忆、直觉、理解、创造、欣赏、热爱、尊重等内在的心理变化。但这些内在的变化不能直接进行客观观察和测量，为了使这些内在变化可以观察和测量，还需要列举反映这些内在变化的行为样品。

### 3. 表现性目标

有时，人的认识和情感变化并不是几节课的教学或参加一两次活动以后便能体现的。教师也很难预期一定的教育活动后学生的内在心理过程将会出现什么变化，所以编写情感目标是十分困难的。表现性目标将学生的言行看成思想意识的外在表现，然后通过学生可以观察到的言行表现间接地判断教学目标是否达到。例如，教学目标是"提高数学学习兴趣"，学生是否有学习兴趣不好直接测量，只能从学生数学学习的表现中观察到：课堂上认真听讲；踊跃回答问题；积极思考；愿意解决数学难题；经常与同学讨论数学问题；完成作业质量高；经常向老师请教；喜欢提出问题。需要说明的是，这种目标只能作为教学目标具体化的一种可能的补充，教师千万不能依赖这种目标。

### （二）教学目标陈述维度

对于课堂教学目标的陈述，教师一般都从知识与技能，过程与方法，情感、态度与价值观三个维度进行设计。

#### 1.知识与技能

知识与技能维度指的是数学基础知识和基本技能。其内容主要包括三类：第一类是数学概念、数学原理（数学定理、性质、公式、法则）、基本的数学事实、结论，这些用于回答"是什么"问题的陈述性知识，属于言语信息；第二类是对数学概念、数学原理、基本的数学事实、结论的运用，用于回答"做什么"的问题的程序性知识，属于认知技能；第三类是数学操作技能，属于动作技能。

一是了解（知道／模仿），指能回忆出知识的言语信息，能辨认出知识的常见例证。这一水平的目标表述中常用的行为动词是了解、体会、知道、识别、感知、认识、初步了解、初步体会、初步学会、初步理解。

二是理解（独立操作），指能把握知识的本质属性，能与相关的知识建立联系，能举例说明知识的相关属性，能有理有据地判定知识的正例与反例。这一水平的目标表述中常用的行为动词是描述、说明、表达、表述、表示、刻画、解释、推测、想象、理解、归纳、总结、抽象、提取、比较、对比、判定、判断、会求、能、运用、初步应用、初步讨论。

三是掌握（应用／迁移），指在理解的基础上能直接把知识运用于新的情境。这一水平的目标表述中常用的行为动词是掌握、导出、分析、推导、证明、研究、讨论、选择、决策、解决问题。

"了解""理解""掌握"都是针对某一具体数学知识而言的。"综合运用"则强调综合运用各种知识来解决问题。需要强调的是，"掌握"是指以理解为前提的单个知识的运用水平，那种会套用而不理解的水平不属于"掌握"水平。

#### 2.过程与方法

过程与方法维度指的是学习数学知识产生、发展与应用的思维过程，把握数学知识所隐含的数学思想方法、优化数学思维品质、培养数学意识、提高问题解决能力。

一是经历（模仿），这一水平的目标表述中常用的行为动词是：经历、观察、感知、体验、操作、查阅、借助、模仿、收集、回顾、复习、参与、尝试。

二是发现（探索），这一水平的目标表述中常用的行为动词是：设计、梳理、整理、分析、发现、交流、研究、探索、探究、探求、解决、寻求。

3. 情感、态度与价值观

情感、态度与价值观维度的情感指的是学生在数学学习活动过程中的比较稳定的情绪体验，数学态度是指学生的数学学习兴趣、学生对数学具体内容的态度以及对整个数学学科的态度，价值观指学生对数学的科学价值、应用价值、文化价值的看法，对数学美的看法以及辩证法上的认识等。

数学教学科学化，从制定教学目标上看，一要全面，二要具有可操作性。这是建立在对教学内容、学生数学学习规律的准确把握基础上的，需要对细节的不断追求。制定目标的水平是衡量教师专业化水平的重要标志。从当前的实际情况看，许多教师对自己所教的数学内容并没有一个清晰的目标分类细目结构，有的甚至对数学知识结构也是模糊不清的。简而言之，教师的数学素养和对数学教材的理解水平都有很大的提高空间，这是提高教师素质亟须解决的问题。

一个值得注意的问题是，教学目标"高大全"，一堂数学课所承载的目标太重。有的甚至是目标空洞，形同虚设。例如，培养学生的数学思维能力和科学的思维方式；培养学生勇于探索、创新的个性品质；体验数学的魅力，激发爱国主义热情；等等。

## 四、高校数学教学目标的实现

### （一）高校数学教学目标在教学设计中的实现

教师在进行高校数学教学设计时，首要的环节便是设计教学目标。高校数学教学目标作为教学设计的出发点，决定着整个高校数学教学活动的进程和方向。此外，高校数学教学目标也是整个教学设计的方向和最终目的，关系到数学教学方法和策略的选择、数学教学内容的选择与组合、教学媒体的运用、教学效果的评价，也关系到数学课程目标的落实。因此，其他教学环节的设计和安排必须围绕如何更好地实现教学目标进行。

教学策略是在特定的教学情境中为完成教学目标和适应学生认知需要而制订的教学程序计划和采取的教学实施措施。教学方法是在教学过程中教师和学生为达到教学目的、完成教学任务而采取的教与学相互作用的活动方式的总和。教学策略和教学方法是进行教学设计的必要因素，都是为完成特定教学目标服务的，其选择必然受教学目标的制约。因此，要依据不同层次和不同特点的数学教学目标选择与之相应的能实现教学目标的教学策略和教学方法。实验表明，如果数学教学目标注重知识的掌握或学习的结果，宜选择基于意义的接受教学策略，与此相应的教学方法是讲授法；如果教学目标注重形成或提高技能，则宜选择程序式教学策略，选择以练习、实践为主的方法；如果教学目标注重获得探索知识的经验或发展学生的情感，则应选择基于问题探究的教学策略，相应地采用发现法或任务驱动法。

## （二）高校数学教学目标在课堂教学中的实现

高校数学教学目标是由数学教学活动主体进入数学教学情境之前确定的，是数学教师对教学活动成果的一种主观估计。数学教学是人有目的、有组织、有计划的活动。在数学教学活动前对数学教学活动有良好的预期是必要的。然而，由于数学教学目标设计是在数学教学情境之外的一种主观性前置性设计，对数学教学情境中即时发生的种种复杂情况无法估计，这就造成了数学教学目标设计的"估计偏差"。

在数学教学情境中，教师保持着对情境的整体感知，并对数学教学情境中的教学事件保持关注。当课堂上出现不属于预设的数学教学目标范畴内的教学事件时，数学教师凭借敏锐的职业敏感及时捕捉并利用课堂上的各种动态资源提炼和生成更具针对性的教学目标，从而在课堂上产生超越预设目标的教学效果，使教学目标的实现呈动态生成态势。生成的数学教学目标具有诸多优势，能弥补目标设计的不足。教学目标的实现既具有预设性，又具有生成性。就本质而言，生成性是数学教学目标的本质属性。

随着数学课程改革的不断深入，人们切实体会到在教学实施过程中预设的数学教学目标远远不能适应和满足课堂需要。"预设与生成的数学教学目标是对立统一体"[①]的观点逐渐被认同，即强调数学教学目标的实现既需要预设，也需要生成。特别是数学教学实践的不确定性决定了要对预设的数学教学目标做必要的补充和调整，需要开放地纳入师生在数学互动中的直接经验，强调数学教学过程中数学教学目标实现的动态生成。

---

① 曹一鸣，梁冠成.21世纪的中国数学教育［M］.北京：人民教育出版社，2018.

# 第二节　高校数学教学的任务分析

## 一、高校数学教学任务的概念及内涵

### （一）任务与教学任务的概念

"任务"在词典中的解释是指定担任的工作或担负的责任。教学任务是指教师给学生的指令以及对学生反应的要求（即要学生做什么和达到怎样的标准）。教学任务作为目的与对象的中介，由教学内容、教学方式及教学水平三个维度构成。可见，教学任务承载着教师的教学期望，连接着教学内容与学生的学习行为，对学科教学具有重要影响。

### （二）高校数学教学任务的内涵

基于对教学任务的理解，高校数学教学任务是指为发展某个特定的数学技能、概念或思想，围绕相关教学内容精心设计的一系列数学问题或活动。我们不能简单地把高校数学教学任务看成"数学＋任务"，而应该站在揭示数学本质、帮助学生深化理解数学概念及其关系的视角来理解。动态地看，数学教学任务的展开是一个连续的过程，主要包括三个阶段：教材中潜在的任务、教师设计的任务，以及学生实际参与的任务。三个阶段共同构成一个通向学生学习的现实路径，对学生的数学学习产生了重要影响。静态地看，高校数学教学任务的本质体现在对学生认知及思维方面的要求。根据完成任务时学生思维类型和水平的不同，可以把高校数学任务分为低水平任务和高水平任务两类。低水平任务主要是指记忆性的、机械性的、常规性的练习，高水平任务主要是指理解性的、探索性的、非常规性的问题解决。高水平任务鼓励学生寻找不同数学内容之间或数学与非数学领域之间的联系，要求进行非算法式的思考、经历具有挑战性的思维过程。

## 二、高校数学教学的主要任务

就当前而言，高校数学教学任务主要有以下三个。

### （一）让学生在高校数学教学活动中学习数学知识

让学生在高校数学教学活动中学习数学知识是高校数学教学最重要的、最本质的任务之一。学生对数学的感悟，对数学的兴趣就是由此而引起的。相反，学生对数学的反感也是由此引发的。因此，重新认识数学教学中对数学知识的学习这一任务，有利于学生在思想上做好充分准备。

数学源于生活，生活物化了数学，因此，教师在对学生进行数学知识教学时，要尽可能地使数学贴近学生的生活，最大限度地接近学生的生活经验，这样学生才能对数学知识产生兴趣。此外，教师在进行数学知识教学时，应注意知识层次的设计。原则上，由简入繁、由易到难，层层深入、循序渐进，或由概念、法则进入实质性计算，使学生在数学教学中愉悦地学习。同时，教师辅以适当的方法、直观的手段，既有利于学生数学知识的学习、理解，又为下一阶段的任务做了铺垫。

### （二）培养学生的数学技能

在高校数学教学任务中，培养学生良好的数学技能也是一项重要内容。学生的数学技能，大体包括以下三个方面。

第一，计算能力。这是学生数学能力中最基本的能力，教师必须重视培养学生的计算能力。

第二，逻辑思维能力。这是学生数学能力中最核心的能力。一个人聪慧与否，便以此作为衡量标准。在应用题教学、计算教学中，教师要重视此种能力的培养。

第三，空间想象能力和观察能力。这种能力对学生今后的发展很重要，同时也是学生的数学能力中最难获得的。

### （三）高校数学教学与课程思政融合，对学生进行思想品德教育

德育作为五育之首，课程教学全程着眼于人的发展，把德育放在了非常重要的位置。教育目标表现为：树立爱国主义、集体主义、社会主义民主意识，遵守国家法律和社会公德；逐步树立正确的世界观、人生观、价值观。以社会主义为己任，努力为人民服务，使学生成为有理想、有道德、有文化、有纪律的新一代。数学作为一门基础学科，自然承担着德育的重任，但数学有其独特性，考察的是空间形式与数量的关系，比较抽象，与一些文科相比，德育的作用是隐性存在的，是需要挖掘其潜力的。因此，要做好数学教学中的德育工作确实很难，需要教师努力学习和研究，费一些心力才能做好。就当前来说，数学教师可借助以下三种方式对学生进行思想品德教育。

第一，用中国数学的灿烂历史和令人振奋的成就，激发学生的民族自豪感和爱国主义情怀。从古至今，中国的数学发展是值得深入探索的，有着悠久的历史和伟大的成就。从《会计九章》到《陈氏定理》，都是历史遗留下的宝贵财富，

是极具说服力的史料，都是适合对学生进行爱国主义、民族自尊、勤奋自强的思想教育的优秀教材。在教学中，教师要通过与教学内容相关的历史问题来教育学生，这对激发学生的爱国情感非常有效。

第二，用资深数学家的光辉事迹和优秀成果，激发学生的学习欲望，树立数学学习的远大理想。在进行德育工作的教育过程中，一种比较有效的方法是示范教学。心理学研究表明，榜样模式是最具感染力和最引人注目的教学方式。因此，介绍一些数学家的成就和经历在数学教育中非常重要。例如，在"无穷级数"这一课程中，教师可以通过多媒体技术适当地向学生介绍祖冲之，让学生在更好地了解人物的基础上，了解作品的创作背景和创作目的。当然，人物的呈现也需要细节和恰到好处的介绍，祖冲之的形象才能很立体地呈现在学生面前，尤其是祖冲之在发现圆周率的过程中遇到了很多困难，不被人理解，但因为他没有放弃自己的梦想，在无数次失败后的坚持，使他最终发现了 $\pi=3.14$ 的估计值，这一发现震惊了全世界，对数学界具有非凡的意义，其数值精确到小数点后八位，为当时世界最高水平。祖冲之锲而不舍、决不放弃的精神是当代学生所缺乏的，值得鼓励和学习。相信这种教育在一定程度上可以提高学生的成绩，也能增强学生的民族意识、责任感，使学生树立起远大理想，渴望为科学奉献。

第三，用数学思想和数学教科书让学生理解辩证唯物主义。数学本身就充满了矛盾、运动、发展和变化，唯物辩证法无处不在。例如，数学教学中的许多概念都是从客观现实中抽象出来的。许多定律、公式、定理和公理被创建、推导、阅读、推广、概括、归纳、发展和应用。例如，线性代数教学中线性相关、线性无关是一对矛盾对立的定义，它们的基本定理又体现了对立统一的哲学思想。函数与图像相结合，统一了数学的两个方面——"数"和"形"的基本要素。要解决数学问题，总是将未知问题变成已知问题，将复杂问题变成简单问题等。这就是数学蕴含的矛盾对立观点。因此，在数学教学中要充分运用这些数学材料和方法，教给学生生动客观的辩证唯物主义，使学生体验和理解绝对与相对、现象与本质、静与动、客观与抽象、特殊与一般、量变与质变、实践与认知、对立与统一的辩证关系。

## 三、高校数学教学任务的教学意义

高校数学教学任务是学生数学学习的中心。它传递着关于什么是数学以及如何学习数学的信息，是培养学生数学思维和推理能力的一种重要工具。高校数学教学任务关乎教师教学的品质，具有重要的教学意义。

首先，高校数学教学任务对学生的数学学习具有重要影响。培养不同层次和不同类型的思维或能力需要借助不同的高校数学任务，高水平的数学任务能够引发学生深层次的、实质性的思维参与，促进学生发展学科关键能力。课堂上日复一日的数学任务所产生的累积效应不仅决定了学生真实的学业所得，也决定了他们对数学的认识。

其次，高校数学教学任务是教学设计的核心。教学设计不仅与教师的数学学科知识有关，更与教师能否把个人对数学概念及其关系的本质理解转化为促进学生数学能力发展的高校数学任务或活动有关。选择适当的数学任务对促进学生理解和掌握数学知识、发展数学能力具有重要的意义。

最后，高校数学教学任务可以为教学评价与反思提供框架。以数学任务为单位分析课堂教学，有助于教师深入课堂内部精准刻画教学的组成、结构和特征，探寻课堂中数学任务的特征及其存在的问题。同时，高校数学任务在教学理论与实践之间搭建起了一座思考的桥梁，为评判教学实践提供了显性标准。

# 第三节　高校数学教学的对象分析

数学教学是以学生为中心的，数学教学设计的一切活动都是为了学生学好数学。因此，在开展数学教学活动时，准确地分析教学对象，即学生是十分重要的。具体而言，分析学生是为了了解学生的学习准备情况及学习风格，为教学内容的选择和组织、教学目标的阐明、教学活动的设计、教学方法和媒体的选用等教学外因条件适合学生的内因条件提供依据，从而使教学真正促进学生智力能力的发展。而在分析教学对象时，可具体从以下两个方面着手。

## 一、学生的认知特征

学生认知特征是指学生在进行新内容学习时，现有的心理发展水平对新内容的适应性，具体包括学习风格、智力特征及自我调节能力。其中，学习风格（认知风格）是指对学生感知不同刺激，并对不同刺激做出反应这两个方面产生影响的所有心理特性。作为个体，稳定的学习方式和学习倾向所形成的学习风格是学生的个性在学习活动中的定型化、习惯化。智力特征从心理与认知发展阶段的角度判断学生的现有认知能力，而自我调节能力则是一种元认知能力，是学生监控和调节学习过程的重要能力表现。

## （一）学生的学习风格

当教学策略和方法适应学生的思维或学习方式时，学生能够取得更大的成功。了解学生在学习风格和方式上的差异，对于教师根据学生特点因材施教有重要意义。因此，在对学生进行分析时，学习风格的分析是不可缺少的一项内容。

### 1. 学生学习风格的类型

学生的学习风格是学生在信息加工过程中表现在认知组织和认知功能方面持久一贯的特有风格，既包括个体直觉、记忆、思维等认知过程方面的差异，又包括个体态度、动机等人格形成、认知能力与认知功能方面的差异。一般而言，学习风格大致可归纳为以下五种类型。

①场依存型与场独立型。很明显，属于场依存型的学生容易受到环境的影响，他们在集体情境中学习更能收获乐趣，并且展现出良好的合作能力还有服从性，在集体中有良好的情境适应能力。相反，场独立型学生的自主学习能力很强，他们甚至不受外界因素影响，习惯于独立思考和学习，不满足于现有的结论，而是通过自己的推理得出结果，更不易受个人情绪影响。

②冲动型与反省型。冲动型学生通常只基于少数外部线索，不经过全面的整理与分析而急于回答问题，没有对题干进行深入判断，没有深入研究和规划。反省型学生会进行反思，他们是仔细、谨慎、准确的，通常不急于回答问题或得出结论，而是不断思考和讨论他们的选择是否正确，直到他们更有信心为止。

③结构性与随意性，即结构性和随机性。正统、结构性较强的教学内容适合雄心勃勃的学生和焦虑型学生，结构性和正式化的教学是他们通过学习取得更大成功的最好方法。非正统教育强调活动的多样性和随机性，可能对能力较弱或自主能力较差的学生有更加明显的作用。

④整体策略型与序列策略型，即综合战略型和持续战略型。学生在学习过程中采用整体策略学习和反思，往往是从实际问题转向抽象问题，再从抽象问题转向实际问题。而序列策略型学生的学习是从一个假设到另一个假设，呈不可跳跃的线性发展态势。

⑤外倾型与内倾型，即外向型和内向型。外倾型的学生愿意明确表达自己的感受，喜怒哀乐明显，情绪大起大落大不相同。内倾型的学生不容易表达自己的感受，有时外表看似平静，内心却非常苦恼或是起伏不定。

### 2. 学生学习风格的测定

教师在对学生的学习风格进行测定时，可以借助以下三种有效的方法。

①观察法。观察法就是通过教师对学生的日常观察来确定学生的学习风格。这种方法适合年龄较小的学生，因为他们对自己的学习风格不太了解，所以在回答问卷或征答表示时会感到困难。不过，这种方法的缺点是教师很难一一观察到每一个学生的学习风格。

②问卷法。问卷法就是按照学习风格的具体内容设计一个调查量表，让学生根据自己的情况来填写。这种方法的优点是可以给平时还没有注意到自己某些学习风格的学生提供一些线索，启发他们正确地选择答案；缺点是问卷中的题目不可能涉及全体学生包括的所有学习风格。

③征答法。征答法就是让学生来陈述自己的学习风格。这种方法的优点是学生可以不受具体问题的限制，从而更能体现出自己的特点；缺点是如果不能准确地向学生讲清楚学习风格的概念，那么学生的陈述就有可能不在学习风格的范围之内。

## （二）学生的智力特征

在个体的学习活动中，智力发挥着十分重要的作用。智力是在观察力、记忆力、想象力、思维力等的基础上形成的，是帮助人们认识、理解客观事物并运用知识、经验等解决问题的能力。智力不是天生的，教育和教学对智力发展起着主导作用。因此，教师在对教学对象进行分析时必须重视对其智力特征的分析。

每个人的智力都不是单一的，而是多元的，包括语言智力、逻辑—数学智力、空间智力、运动智力、音乐智力、人际智力、自知智力、自然智力这八种智力。美国心理学家霍华德·加德纳（Howard Gardner）的多元智力理论一经提出，在世界教育领域产生了重要影响，极大地促进了世界各国的教育教学改革。

个体智力的发展受到环境，包括社会环境、自然环境和教育条件的极大影响与制约，其发展方向和程度因环境和教育条件不同而表现出差异。尽管各种环境和教育条件下的人们身上都存在八种智力，但不同环境和教育条件下人们智力的发展方向和程度有明显的区别。此外，多元智力理论认为，智力应该强调两个方面的能力：一是解决实际问题的能力；二是生产及创造出社会需要的有效产品的能力。根据加德纳的分析，传统的智力理论产生于重视语言智力和逻辑—数学智力的现代工业社会，智力被解释为一种以语言能力和数理逻辑能力为核心的整合的能力。

## （三）学生的自我调节能力

自我调节的理念一直是教育学和心理学研究的重点。无论是在学术界还是在社会上，关于如何学习，人们普遍认为有能力的成功人士都具有如下特点：努力、有目标、知道如何处理冲突、避免分心和冲动、专注于手头任务、坦然面对成功与失败。此外，一个人如何管理自己的情绪反应，如何反思学习，对自己能否取得成就产生深远的影响。在课堂中，这种能力叫作学习的自我调节能力。

学习的自我调节是学生在整个学习过程中激活、维持、管理和反思自己的情感、行为和认知的过程。在保持情感、行为和认知维度之间的联系和平衡时，学生可以体验成功。其中，情感是个体对情绪的自觉意识和回应。我们经常把这些回应视为感受，它既可以阻碍也可以促进我们学习。学生对情境的感受决定了他们的关注点，因此，了解如何帮助学生适应情境、当调整情绪反应，对教师至关重要。行为即个体所做的事情，无论成功还是失败。在学术研究中，行为不仅包括个体的肢体动作（如如何坐、如何行走等），还包括个体解决问题的能力（如回顾或者做实验）。知道如何在不同背景和学习经历中灵活变通，是实现有效学习的一个重要组成部分。认知即个体的思维过程，从元认知（反思性思维）到隐性认知（用于学校的先进思维过程）再到形而上学认知（超越自我的思维）等。在不断变化的世界里，拥有重要的思维工具是成功的关键。

在学习形成模式后，学生就有能力学会如何自我调节。他们可以与他人一起模仿或实践这种学习模式，在独立学习中自觉使用这种学习模式，还可以将该学习模式转移到其他学习活动中。设定目标、制订任务、视觉想象、自我指导、时间管理、自我监控、自我评价等措施，都有助于学生培养自我调节能力。

## 二、学生的数学学习起点

教师对学生的数学学习起点进行分析，可以确定学生学习的准备状态，了解学生的知识基础和认知发展水平。教师在此基础上确定教学任务、开展新的教学活动等，往往能够取得事半功倍的效果。一般来说，在分析学生的数学学习起点时，可从以下三个方面着手。

### （一）预备技能

预备技能即学生在学习新知识时必须掌握的知识和技能。分析学生的预备技能，可以了解学生是否具备从事新知识学习的基础。在教学任务分析中，通常会将教学目标进行剖析，得出一系列在实现终极目标前需要完成的使能目标（从属目标）。对使能目标进一步分析，就可以得到学生学习新的知识、技能必须具备的知识基础，也就可以确定学生学习的起点。例如，由于学生在高等数学中学习过积分等知识，学生已经掌握或基本掌握该内容，因此，在概率教学中讲解利用概率密度求分布函数时重点就在于问题的分析，而不是积分计算的讲解。

### （二）目标技能

分析学生的目标技能，主要是为了了解学生是否已经掌握或部分掌握某些教学目标中要求学习的任务。为此，教师要在教学任务分析的基础上，对教学中的各项学习任务通过自问、向专家请教或向学生征答：所列出的各项任务中，有没有学生已经掌握的知识、技能？如果有已经掌握或部分掌握的知识、技能，那么是哪些知识、技能？这些知识、技能学生掌握的程度怎样？从而摸清学生的情况。如有必要，还可以将一些需要学习的知识和技能总结在试题中，以便测试学生，从而做后续的深入分析。这样，教师在教学中可以抓住重点，详略得当，在学生已经掌握或掌握到一定程度的知识后，减少作业，也可以简单谈一谈重点内容，让学生专注于知识和技能的学习。

目标技能的预测项目应该与教学结束时的教学评价的要求是一致的，即教学的目标。因此，预测的试题可以使用测验或考试中的全部或部分试题，对学生进行摸底测试。将预测和最后测试的结果进行比较，两次测试成绩的差距就反映出了教学的效果。

### （三）态度

教师在选择教学内容、教学方法时，会受到学生学习态度的影响。如果学生态度结构中的情感成分对教学内容持积极态度，就会激发他们学习的动力，使他们全力以赴地学习；而有些学生，不会产生积极的学习动机，甚至抱有偏见，持否定的态度。因此，分析学生态度就是要了解学生是否已做好学习的准备，对所要学习的内容是否存在偏见或误解。有时，学生自以为要学习的内容很简单，结果反而会影响学习的效果。因此，对态度的分析有助于教师指导学生做好学习的准备。态度是难以测量的，一般可以采用态度量表来了解学生的态度。

## 第四节　高校数学教学的策略分析

教学策略就是为达到特定的教学目的、增加教学效益，教师依据教学规律、教学原则以及学生学习心理规律而制订的教学行为计划。这里的教学策略设计主要是指教学过程和方法等方面的设计。依据教育心理学的观点，教学过程与方法设计的目的是促进学生的学习过程，因而对过程与方法的设计要以学生学习的过程与规律为依据。

## 一、陈述性知识的教学策略

陈述性知识是可以用言语表达的知识，是用来回答"世界是什么"问题的。数学中单纯的陈述性知识较少，但是数学知识都是用言语符号来表达的，所以陈述性知识是数学知识最初的表现形式，陈述性知识的学习是数学知识学习的起始，而后才能进行其他高级知识的学习。例如，概念的学习有两种水平，一是将概念作为陈述性知识来学习，要求学生能说出概念的名称及其本质特征。二是将概念作为程序性知识来学习，学生习得概念后，要能用概念的本质特征对概念的正反例进行区分。概念学习的这两种水平属于不同类型知识的学习，其习得的规律也不尽相同。不过这两种水平的学习又是密切联系的，第一种水平的概念学习是第二种水平概念学习的基础和前提，即学生首先要以陈述性知识的形式掌握概念的本质特征，而后才能运用这一本质特征来区分概念的正反例。

陈述性知识的教学策略要有效地促进陈述性知识的学习。陈述性知识的教学要做到以下五点。

### （一）引起与维持注意

任何有目的的学习都要以学生有意识的注意为先决条件。教师可以适当告知教学目标以引起学生的注意，形成明确的学习预期。

### （二）提示学生回忆原有知识

陈述性知识学习的核心就是将新知识与原有知识联系起来，因而在教学时要首先保证学生具有与新知识学习有关的原有知识。教师要帮助学生回忆并激活与新知识有关的旧知识，在此基础上进行新知识的学习。

### （三）呈现经过精心组织的新知识

有研究表明，学生的成绩与教师授课的逻辑性、条理性呈正相关关系。所以，教学内容的呈现要经过精心的组织和安排，并且将视与听两种方式结合起来，以提高学生记忆的效率。

### （四）引导学生在新知识内部和新旧知识之间建立联系

在呈现新的教学内容的过程中，教师还要帮助学生将新旧知识联系起来，在新知识内部建立内在逻辑上的联系，以此让学生在头脑中形成相互联系的知识体系，将新知识纳入原有的知识体系中。

### （五）指导学生巩固新知识

陈述性知识的学习与教学经过上述几个阶段，并不能说学生已经掌握了新知识，建立的新旧知识的联系想要牢固，想要长久保持，还需要教师指导学生巩固记忆。

## 二、数学概念的教学策略

数学概念是反映一类对象本质属性的思维形式，它具有相对独立性。概念反映的是一类对象的本质属性，即这类对象内在的、固有的属性，而不是表面的属性。所以，学生学习概念就意味着学习、掌握一类数学对象的本质属性，而这类对象是数量关系和空间形式，它们舍弃了物体的具体性质和具体的关系，仅被抽取出量的关系和形式构造。一方面，数学概念在某种程度上表现为对于原始对象具体内容的相对独立性；另一方面，数学概念不仅产生于客观世界中具体事物的抽象，而且还产生于"思维结果"，这些作为思维结果的数学概念尽管对数学理论的建立以及对现实世界的广泛应用有重要作用，但从概念的引入及其反映属性与现实内容相脱离来看，具有相对独立性。

数学概念具有抽象与具体的双重性。数学概念既然代表了一类对象的本质属性，那么它是抽象的。以定积分概念为例，现实世界中没见过抽象的定积分，而只能见到形形色色的具体的定积分：一个湖泊的表面积、薄片物体质量等。从这种意义上说，数学概念"脱离"了现实。由于数学中使用了形式化、符号化的语言，使数学概念离现实更远，也就是说，抽象程度更高。这是数学概念抽象性的一面，抽象性是数学概念的重要特征之一。正是因为抽象程度越高，与现实的原始对象的联系越弱，才使得数学概念应用越广泛。但不管怎么抽象，高层次的概念总是以低层次的概念为具体内容。并且，数学概念是数学命题、数学推理的基础成分，就整个数学系统而言，概念是个实在的东西。这是数学概念具体的一面。

数学概念还具有逻辑联系性。数学中的大多数概念都是在原始概念的基础上形成的，并采用逻辑定义方法，以语言或符号的形式使之固定。其他学科很少有数学中的概念那样具有如此精确的内涵和如此丰富、严谨的逻辑联系。在一个数学分支中，诸多概念形成一个结构严谨的概念体系，构成该分支的骨架，将概念之间的逻辑联系清晰地表达出来。

一般来说，概念教学可分为概念引入、概念理解、概念应用三个阶段。相应地，教学内容的组织就应考虑：以什么方式引入概念、怎样组织内容才有利于学生对概念的理解、应当选择哪些例题和习题来达到概念有效应用的目的。

### （一）概念形成的教学策略

概念的形成是指获得概念的方式，即在教学条件下，从大量具体例子出发，从学生实际经验的肯定例证中以归纳的方法概括出一类事物的本质属性。概念的形成以学生的直接经验为基础，用归纳的方式抽取出一类事物的共同属性，从而达到对概念的理解。

概念形成的具体过程：辨别一类事物的不同例子，归纳出各例子的共同属性；提出它们的共同属性的各种假设，并加以检验；把本质属性与原认知结构中的适当的知识联系起来，使新概念与已知的有关概念区别开来；把新概念的本质属性推广到一切同类事物中去，以明确它的外延；扩大或改组原有数学认知结构。

在数学学习中，对于初次接触的或较难理解的概念，往往采用概念形成的学习方式，以减少学习上的困难。

概念形成包括内部和外部两个方面的条件，其内部条件是学生积极地对概念的正反例证进行辨别，其外部条件是教师必须对学生提出的概念的本质属性做出肯定或否定的反应。学生就是通过对外界的肯定或否定反应对获得的反馈信息进行不断选择，从而概括出概念的本质属性。

### （二）概念同化的教学策略

所谓概念同化，就是学生在学习概念时，以原有的数学认知结构为依据，将新概念在教学条件下进行加工。如果新知识与原有认知结构中适当的观念相联系，那么通过新旧概念之间的相互作用，新概念就会被纳入原有认知结构中，使原有认知结构得到改组或扩大，这一过程称为同化。在教学中，教师利用学生已有的知识经验，以定义的方式直接提出概念，并揭示其本质属性，由学生主动地与原有认知结构中的有关概念相联系去学习和掌握概念。

概念同化，首先必须具备有意义学习的条件：学习的概念具有逻辑意义；学生认知结构中具备同化新概念的适当观念，即具备有意义学习的倾向。在具备有意义学习的条件下，学生积极地把新学习的概念与认知结构中原有的观念进行联系，并不断与认知结构中的原有观念进行分化或融会贯通，这就是概念同化的教学过程。这种同化过程越积极，所获得的概念就越清晰，并对后继学习的影响也越大。概念同化学习的智力动作：揭示概念的关键属性，给出定义、名称和符号；

对概念进行分类；新旧概念建立联系；肯定例证和否定例证的辨认；把新概念纳入概念体系。

概念形成与概念同化的比较：概念形成主要依靠的是对具体事物的抽象，而概念同化主要依靠的是新知识与旧知识的联系；并且概念形成与人类自发形成概念的方式接近，而概念同化则是具有一定心理水平的人自觉学习概念的主要方式。在数学概念的实际学习中，概念的形成与概念的同化两种方式往往是结合使用的，这样既符合学生概念学习时由具体到抽象的认识规律，掌握形式的数学概念背后的事实，又能使学生较快地理解概念所反映的事物的本质属性，提高学习的效率、效益。

事实上，对每一个概念的处理都可以采用这两种方式，相对而言，传统教学比较注重同化方式，而当前课程改革理念倡导以形成方式为主。笔者认为，两种方式各有利弊，不能顾此失彼，一概而论。数学概念教学应将两种方式并重，这样做无论是从教学投入与产出比，还是从培养学生完整的思维习惯方面来看都是合理的。至于采用哪种方式为好，取决于学生已有的认知水平和具体的教学内容。一般而言，当学生原来学过的概念是新学习概念的上位概念时，宜采用同化的方式进行教学，即下位概念的学习宜采用同化方式，因为下位概念容易被上位概念同化；当学生原来学过的概念是新学习概念的下位概念时，宜采用概念形成方式进行教学，即上位概念的学习宜采用形成方式。上述情形不是绝对的，教学中如何选用引入概念的方式，要具体情况具体分析。

为了使学生理解概念，第一，教师应当充分揭示概念的内涵。揭示概念的内涵应多方位、多侧面结合概念性质，从多种角度去审视同一个概念，使学生在头脑中逐步形成概念域（即关于一个概念的一组等价定义）。同时，结合对反例的辨认，明确概念的外延。第二，形成概念体系。无论采用同化方式还是采用形成方式，概念的学习都是建立在原有认知结构基础之上的，都要借助原有观念去同化新概念。因此，要真正理解概念，就应当梳理概念的来龙去脉，形成概念系（头脑中形成的概念网络，在该网络中概念之间存在某种特定的数学抽象关系），在教学设计时必须考虑恰当组织材料，以利于学生形成概念网络。第三，加强概念的应用。组织的材料（例题、习题）应由浅入深、循序渐进，从概念在觉知水平的应用（能将特例归为这类事物的类型）逐步过渡到思维水平的应用（两层含义，一是不仅知道如何应用概念去解决问题，而且知道在什么情况下应用这一概念；二是能够深刻理解并应用于命题）。

## 三、数学命题教学策略

数学命题指数学定理、推论、公式、法则、原理等，是数学知识的重要组成部分，规则是程序性知识，是由陈述性知识经过变式练习转化而来的。作为程序性知识，其学习首先要经历陈述性知识阶段，程序性知识与陈述性知识的规则学习完全相同，都要利用相关的原有知识和具体的例证来促进学生对规则的理解。变式练习是陈述性知识转化为程序性知识的关键教学环节，教师要创设多种练习的情境，以促进学生知识向高一级形式转化。这里以定理为例来说明。

### （一）了解定理的由来

数学定理是从空间形式或数量关系中抽象出来的。一般说来，数学中的定理总能找到它的原型。在教学中，教师一般不要先提出定理的具体内容，而应尽量创设情境，让学生通过具体的观察、计算、推理等实践活动来猜想定理的具体内容，这样有利于学生对定理的理解。

### （二）认识定理的结构

教师要知道学生弄清定理的条件和结论，分析定理所涉及的有关概念、图形特征、符号意义，将定理的已知条件和求证确切而简易地表达出来，特别要分析定理的条件与结论之间的制约关系。

### （三）掌握定理的证明

定理的证明是定理教学的重点，首先应让学生掌握证明的思路和方法。为此，教学应加强思路分析，把分析法和综合法结合起来使用。一些比较复杂的定理可以先以分析法来寻求证明的思路，使学生了解证明方法的来龙去脉，然后用综合法来叙述证明的过程。叙述要注意连贯、完整、严谨。这样做使学生对定理的理解不仅知其然，而且知其所以然，有利于掌握和应用。

### （四）熟悉定理的应用

学生是否理解定理，要看他是否会应用。事实上，懂而不会应用的知识是不牢靠的，是极易遗忘的。只有在应用中加深理解，才能真正掌握。因此，应用所学定理去解答有关实际问题是掌握定理的重要环节。在定理的教学中，一般可结合例题、习题教学，让学生动脑筋、想思路，领会定理的适用范围，明确应用时的注意事项，把握应用定理所要解决问题的基本类型。

### （五）将定理纳入定理体系

数学知识的系统性很强，任何一个定理都处在一定的知识系统中。要引导学生弄清每个定理的地位和作用，以及定理之间的内在联系，从而在整体上、全局上把握定理的全貌。因此教师在定理教学过程中，应清楚每个定理在定理体系中的前后联系，指导学生运用图式、表格等方法，把学过的定理进行系统的整理。

### （六）认知结构得到发展

在学习数学的过程中，相关的定理、公式较多，时间一长，不少学生会记不清定理、公式。所以，教师要指导学生根据定理、公式等的特点来记忆。在后面的学习中遇到相关的知识也要经常辨析。

定理的教学要做到以下五点。

①提示学生回忆原有知识。定理反映若干概念之间的关系，要理解概念间的关系，首先要掌握构成定理的概念，因而进行定理教学之前，教师要激起学生对构成定理的概念的回忆。

②引导学生习得定理的内容。定理习得有两种方式，一种是例—规法，另一种是规—例法。无论哪种方式都必须能让学生深刻理解。将定理的内容与学生的原有知识进一步联系起来，教师要提示学生回忆一些能说明定理的例子，当学生这方面的例子不多时，就需要教师来呈现。

③使定理转化为支配行为的规则。变式练习是陈述性知识转化为程序性知识的关键环节。变式练习的"变"主要体现在将同一定理用来解决不同内容的问题上，练习的例子要从简到难，变化要从小到大。对于学生练习中的错误进行评价反馈，还要确保学生对呈现的反馈信息进行思考和加工，这样才能实质性地促进学生对定理的学习。

④注意练习的分散与集中。技能的形成与知识的掌握不一样，知识习得可以很快，但技能的习得往往要花较长的时间，尤其是那些要达到自动化水平的技能，更要大量的练习时间。这些大量的练习不可能在一节课内完成，需要将其分成几个时段分别进行练习，练习初期安排适当集中，在技能逐渐形成并熟练之后，练习的时间可以适当加长。

⑤将习得的定理与先前的知识融会贯通。定理教学时，还要注重定理与其他的概念、定理的联系，让学生将习得的知识相互联系起来，促进知识的组织化和条理化。这项工作可以在定理教学完成后进行，也可以在复习课上进行。

## 四、习题教学策略

下面是三种数学习题教学策略。

### （一）问题表征的教学策略

①给学生充分观察问题的时间，让学生根据自己的理解去描述问题的题设、结论，并发现可能隐含的条件。

②引导学生从多角度、多侧面去观察问题，以揭示问题的背景。

③根据不同类型的问题，让学生采用画示意图、画表格等方法表征问题。

④引导学生去搜寻与问题相关的概念、命题、规则以及已经解决过的问题，找出新旧问题之间的联系和区别。

⑤对三种数学语言文字、符号、图形转化进行专门训练。

⑥引导学生对问题的条件或结论进行等价描述，或对整个问题进行等价转换，以求用不同背景表征问题，优化解题策略。

⑦对问题有了一种表征，不要急于解答问题，重新回到问题本身，再一次理解题意，或者对自己表征不完整的部分进行修补，或者对问题进行新的表征。例如，检查自己是否遗漏了条件，题目中是否有隐含条件没有发现或利用，换一种思考或表征的角度等。

### （二）问题迁移的教学策略

①揭示问题之间的数学抽象关系，促使迁移的产生。这就要求教师在分析问题时，要充分揭示待解问题与已学过的命题或已解决过的问题之间的抽象关系，一旦学生明确了这种关系，迁移即会产生。

②对于一种新学习内容的问题，宜先采用强抽象形式进行解题教学，即先讲授一般性命题。一方面，让学生去解答该命题的有关强抽象命题，这种情形容易产生迁移，因而有利于陈述知识向程序性知识过渡，形成自动化程序性知识；另一方面，在形成一类问题解决技能之后，又要加强弱抽象形式的解题训练，以发展学生的弱抽象思维能力。

③从外部调控到内部调控过渡，即由教师的提示、导向、补充思维材料向学生对解决问题的自我监视、控制和调节过渡。迁移能力的提高很大程度上依附于自我监控能力的发展，因而，导向引发的迁移必须转为自我引发的迁移，解题能力才能得以提升。

④在对问题的等价化归中寻找迁移源。有些问题不是某些问题的直接迁移，

而是对问题进行一定程度的等价变形后方能识别模式，从而产生迁移。

⑤在推理中寻找迁移源。推理本身就是知识的迁移，这是解题中的局部迁移，局部迁移往往导致全局性迁移。

⑥对典型命题应作变式、拓广，并注重其广泛的应用。典型命题是解决问题的迁移源，它是在变式、拓广、应用时建立知识网络的枢纽，通过这种训练，可使学生形成良好的数学认知结构，有助于迁移能力的提高。

⑦围绕一个命题应用的练习题应有必要的数量，没有一定数量的练习，该命题难以实现对今后问题的迁移。

⑧当找到问题的一种模式后，应对该模式做出估计，即对该模式在解决问题中的作用做出预测，防止因思维定式而产生迁移。

⑨当一个迁移产生而又不能解决问题时，要引导学生重新表征问题，重新识别模式，教授学生抵制负迁移的方法。

### （三）解题策略的教学策略

①把问题特殊化，从特殊情形中寻求解决一般问题的方法。

②逆向思维。引导学生从问题的反面或从正常思维的反向去考虑问题。

③发散思维。将问题的信息向多方扩散，寻求问题的多种解答或多种答案，也可以对问题做多向变式、推广。

④将问题化整为零，通过解决局部问题达到解决整体问题的目的。

⑤灵活化归。教给学生一些常用的化归方法，如高维划归为低维、多元划归为一元、高次转化为一次等，教学中应注重训练学生灵活应用这些方法。

⑥将一种方法汇通一类问题，即多题一解。

⑦要注意总结解决问题过程中所蕴含的数学思想方法，形成方法体系。

⑧构造模型。包括构造几何图形的辅助线、构造辅助函数、构造数学模型、构造代数问题的几何模型、构造几何问题的代数模型等，教给学生一些常用的构造方法。

# 第五节　高校数学教学的评价分析

高校数学教学系统设计的根本目的在于解决教学中的问题，形成优化的教学方案，以促进学生的数学学习取得更佳的学习效果。

# 一、高校数学教学设计方案的评价

高校数学教学设计方案是高校数学教学设计过程中各要素分析和设计的外化成果，通常包括课程标题和概述、教学目标阐述、学生特征分析、教学策略选择、教学资源和工具的设计、教学过程设计、学习评价与反馈设计、总结与帮助等内容。对数学教学设计方案的评价有助于教师反思自己的教学设计过程，尽可能避免一些由于设计上的疏漏而导致使用效果不理想的问题。数学教学设计方案的评价可以从教学设计方案的完整性和规范性、可实施性、创新性等几个方面来进行。

## （一）完整性和规范性

一份规范的数学教学设计方案必须体现一个完整的数学教学设计过程，所有必需的环节应明确写出，而且要前后一致，是一个系统的解决问题方案，而不是各个要素的简单堆砌。

1. 教学目标阐述

确定的教学目标要体现课程的理念，不仅能反映知识与技能、过程与方法、情感态度和价值观三个维度的目标，而且能体现学生学习的差异；目标的阐述清晰、具体、不空洞，不仅符合数学学科的特点和学生的实际，而且便于在教学中进行形成性评价。

2. 教材分析

纵向分析教材内容在相应知识结构中的地位、知识的类型、展开的线索，以及所隐含的数学思想方法。

3. 学情分析

从认知特征、起点水平和情感态度准备情况以及信息技术技能等方面详细、明确地列出学生的特征。

4. 教学策略选择与学习活动设计

多种教学策略综合运用，一法为主，多法配合，优化组合；教学策略既能发挥教师的主导作用，体现学生的主体地位，又能成功实现教学目标；活动设计和策略一致，符合学生的特征，教学活动做到形式和内容的统一，既能激发学生数学学习的兴趣又能有效完成教学目标；恰当使用信息技术；活动要求表述清楚。

5. 教学资源和工具的设计

综合多种媒体的优势，有效运用信息技术；发挥资源作用，促进教学活动。

43

6. 教学过程设计

教学思路清晰（有主线、内容系统、逻辑性强）、结构合理，能以核心知识（基本概念及由内容所反映的数学思想方法）为联结点，精中求简，易学、好懂、能懂、会用，能切实减轻学生的学习负担；注重新旧知识之间的联系，形成知识的网络系统，联系紧密，便于记忆与检索，重视新知识的运用；教学时间分配合理，突出重点，突破难点；有层次，能够体现学生的发展过程。

7. 学习评价和反馈设计

有明确的评价内容和标准；有合理的习题，习题的内容、数量比较合理，有层次性，注重学生应用数学知识解决问题能力的提高；注重形成性评价，提供评价工具；针对不同的评价结果提供及时的反馈，以正向反馈为主；根据不同的评价信息，明确提出矫正教学行为的方法。

8. 总结和帮助

对学生学习过程中可能产生的问题和困难有所估计，并提供可行的帮助和支持；有完整的课后小结；总结有利于学生深入理解学习的内容，重点关注学生的学习需求。

## （二）可实施性

评价一个数学教学设计方案的优劣还应该从时间、环境、师生条件等方面来考虑其是否有较强的可操作性。

1. 时间因素

应用教学设计方案时所需要的时间是多少，包括教师的教学时间、学生的学习时间等。

2. 环境因素

教学设计方案对教学环境和技术的要求是否过高，是否具有可复制性。

3. 教师因素

教学设计方案应简单可实施，体现教师的教学风格、特点及其预备技能。

4. 学生因素

教学设计方案针对学生的情况，对学生的预备知识、技能以及学习方法等方面的要求是否合理。

### （三）创新性

教学设计方案既能发挥教师的主导作用，又能体现学生的主体地位；教法上有创新，能激发学生的兴趣；对数学知识的理解有自己的独特之处，有利于促进学生高级思维能力的培养；是体现新理念、新方法和新技术的有效应用。

实际上，教学设计方案的评价可以根据上述基本要求，设计更精细的评价指标来量化评价教学设计方案。

## 二、目标导向教学的评价

评价是检验教学效果和调整教学过程的重要手段，确定评价策略和方式是教学设计的必要一环。在教学中，教学评价应该贯穿教学活动的全过程。其中，评价的一个主要功能是验证是否达到目标。

采用美国教育心理学家加涅的学习结果分类体系，对认知领域内学生学习结果进行达标测量，然后对照目标进行评价。

### （一）陈述性知识的评价

判断陈述性知识获得的标准是信息的输入与输出相同，故而测量陈述性知识目标宜采用回忆式的题目，如填空、简答、选择等。题干可以源于教材，也可以采用意思相同而表达不同的句子。学生的反应可以与教材原句一字不差，也可以用自己的话表述。要求学生逐字逐句回忆只表明他们获得了一定的事实，用自己的话回答则可说明学生的理解情况。

### （二）智慧技能的评价

1. 辨别

评价辨别目标时，可以给学生呈现一个标准刺激，然后再呈现一些备择刺激，要求学生回答哪个或哪些备择刺激与标准刺激相同。所采用的题目一般是选择题。

2. 具体概念

评价具体概念是否习得是给出某一概念的一些正反例，看学生是否能将其识别出来。所采用的测试题形式最好是选择题，选项中既包含正例也包含反例。

3. 定义性概念

定义性概念的评价有以下三种形式。

①选择式。给出一些概念的正反例，学生加以识别，并不要求解释。

②建构式（学生自己组织语言来回答）。给出一个学生以前未经历过的概念的正例或反例，要求学生解释该例为什么是或不是该概念的例子；或者要求学生举出概念的例子，不进行解释。

③混合式。即将建构式与选择式结合起来考察定义性概念。学生在概念的正反例中做出选择之后，再解释为什么这样选。需要指出的是，测试题中的例子不应在教材中、课堂上、练习中出现过，否则就会将技能的考查变为知识的考查，影响评价的效度。

4. 规则

学生是否习得了规则，不是看他能否说出这条规则，而是看他能否运用规则。因而评价规则不能采用回忆式题目，而应用建构式题目，另外精心设计的选择题也可以用于评价规则。

### （三）问题解决目标的评价与认知策略教学的评价

问题解决又叫高级规则，是综合运用几个规则，创造出一个新规则的能力。评价问题解决目标，宜采用建构式测试题，并且有质和量的较高要求。

认知策略教学是数学教学改革的趋势。认知策略是对内调控的技能，属于程序性知识，评价也宜采用建构式题目，但标准不应定位于正确解答题目，而应是学生能否运用某一策略。

## 三、教师教学的评价

评价教师的教学主要是评价教师所采用的教学步骤和方法是否有效地促进了学生的学习。评价的主体可以是他人，也可以是教师本人。通过他人评价为教师的教学提供改进建议和指导，教师自评称为教学反思，这是促进教师将教育理论与教学实践结合的主要途径，对提高教师的教学技能意义较大，所以我们积极倡导教师自评反思。对教学评价，也随着知识类型的变化有不同的内容和方法。

### （一）陈述性知识为主要教学目标的教学评价

以陈述性知识为主要教学目标的教学中，最主要的工作是促使学生将新知识纳入原有的知识体系，形成合理的知识结构。有质量的陈述性知识教学能吸引学生的注意，引发学生有意义的学习。学生注意到学习内容，唤起原有知识，并存储新知识。所以，教学评价应该侧重四个教学环节：原有知识的激活；教材的组织与呈现；促进知识的理解；指导复习，促进知识的巩固。

### （二）智慧技能为主要教学目标的教学评价

当知识进入学生原有的命题网络，在多种问题情境中进行练习，该知识就转化为按某种规则或程序顺利完成智慧任务的能力（技能）。相应的教学设计要保证学生将习得的新知识转化为智慧技能。在知识转化和应用阶段，题型或问题情境的变化是帮助学生获得熟练解决问题技能的关键环节，因此智慧技能要重点评价是否设计了有代表性的典型变式，是否促进了学生形成恰当的认知表征。

### （三）认知策略为主要教学目标的教学评价

认知策略与智慧技能的学习本质是相同的，但认知策略与智慧技能的学习过程还是有一定差异的。认知策略学习的第一个阶段是知道该认知策略有什么用、包含哪些具体的操作步骤。第二个阶段是结合该认知策略使用的情境，对如何运用这一策略进行练习，逐步达到能够熟练甚至自动地执行认知策略的目的。第三个阶段是清晰地把握策略使用的条件，知道何时、在什么地方使用这一策略，并主动运用和监控这一策略的使用。认知策略的教学更重视应用环节，教师可以分别从这三个阶段进行全面、准确的教学评价。

# 第三章　高校数学教学方法论

本章高校数学教学方法论，分别介绍了四个方面的内容，依次是高校数学方法论概述、高校数学方法论的基本方法、高校数学教学的思维方法、创新高校数学教学方法论。

# 第一节　高校数学方法论概述

任何一门学科都有其发展的过程和规律，并在其发展过程中形成科学的研究问题的方法，进而形成一门学科的方法论。

## 一、宏观数学方法论

数学发展的历史过程表明，数学的发展受两方面因素的推动，一是社会生产实践及科学技术发展的客观要求（外部因素）；二是数学自身内在的要求（内部因素）。

社会实践向数学提出新的问题，刺激数学向某个方向发展，并提供验证数学结论的真理性标准，数学从诞生到现在已经发展成为一门分支众多、应用广泛的庞大学科，一直受到社会生产实践和科学技术发展需要的推动。

算术的产生是由于人类记数的需要。由于人类实践活动中需要丈量土地、建造房屋、估计容器的容量等，从而产生了长度、面积、体积等一些几何量的概念。制造工具、用具的实践活动导致了直线、圆等几何元素概念的产生，并逐渐发展为最初的几何学。

随着生产和科学技术的发展，自然科学的中心问题转向了对运动的研究，这促进了微积分等数学分支的产生，从而数学也就进入了变量数学时期。

实际上，在数学历史发展过程中，大量事实证明了数学的概念、运算、逻辑推理方法都受到了实践活动的影响，都有其完全确定的实践来源。在现代数学中许多数学分支也是由于技术、经济、战争、国家管理等需要的直接影响与推动而产生的。

数学由于内在的因素，在其发展过程中曾产生过许多理论。然而，只有那些在实践中找到了其应用的理论才能得到发展。

## 二、微观数学方法论

数学发展的另一个因素，是数学本身内在的因素。数学的发展如果抛开生产实践与科学技术推动的外部因素，单纯考虑数学本身的内部因素，即只是关于数学思想方法，以及数学中的发现、发明与创新等的研究，则属于微观的数学方法论。

## 三、数学方法论的内容

从数学分类的角度来说，数学方法论属于科学方法论的范畴。任何一门科学发展到一定阶段都应该进行一门学科的方法论研究，数学科学也如此。随着数学的发展，历史上有许多大数学家、数学教育家在他们对数学科学本身做出贡献的同时，也对数学方法论做出了有益的探讨，撰写出了一些有影响的著作。数学方法论的内容及其研究方向大致有以下十个方面。

①建立数学概念的方法。
②数学发现的方法。
③论证数学命题的方法。
④解答数学问题的方法。
⑤组建数学体系的方法。
⑥创立数学新学科、开拓数学新领域的方法。
⑦寻求数学应用的方法。
⑧奠定数学基础的方法。
⑨用新观点来重新整理原有数学知识的方法。
⑩数学发明创造的心智过程及数学美学的研究。

## 四、研究数学教学方法论的意义

### （一）有利于促进数学的发展

数学方法论重在从数学与方法学的结合上总结数学的思想、方法、规则、模式，揭示数学的发展规律，因而通过数学方法论的研究，可有助于认识数学的本质，促进数学的发展。

1. 有助于认识数学的本质

数学方法论的重要内容之一，就是对数学客观基础的研究和对数学内容的辩证分析，这将使人们进一步认识数学的本质。数学是人类对世界的一种认识，是客观世界在人们头脑中的反映，它源于客观世界，产生于实践之中，数学理论又必须回到实践中接受实践的检验。从这一认识过程来看，数学与所谓的经验科学是相同的，但数学的发展又具有相对于人的实践的"独立性"，数学科学的体系正是这种独立性发展的结果。

2. 有助于促进数学的发展

纵观数学发展历史可以清楚地看到，数学上每一项重大成果的取得，无不与数学思想的突破及方法的创新有关。因此，掌握数学方法论并努力开拓新的思想方法是数学创造的巨大动力。

## （二）有利于发挥数学的功能

作为工具和方法的科学，数学的功能是多方面的。数学方法论的研究和实践，对于发挥数学的功能有极大的促进作用。

1. 有利于发挥数学的科学功能

数学的科学功能，是指数学在自然科学、社会科学和哲学等领域中的工具性作用。数学不仅为科学研究提供简洁、精确的形式化语言和推理依据，而且也提供数量分析和计算的方法，因此，数学已成为各门科学不可缺少的工具。现代科学发展的重要特征之一就是各门科学发展的数学化趋势，这不仅表现为各门科学普遍运用数学知识，更重要的是数学的思想方法向各门科学广泛渗透，以至数学成为科学的方法论。

这里所说的"运用数学"，不仅是运用数学的语言、符号和理论，更重要的是运用数学的思想和方法。现在，一门科学从定性的描述进入定量的分析和计算，是这门科学达到比较成熟阶段的重要标志，也是数学的科学功能的主要表现，由此也可以看出研究数学方法论在发挥数学的科学功能中的作用。

2. 有利于发挥数学的社会功能

数学的社会功能，是指数学在社会生产、经济、文化等方面具有工具和方法的功能。数学社会功能的发挥，不在于数学知识的学习和积累，而在于把数学的思想和方法灵活应用于社会的实践，以便运用数学知识去解决各种实际问题。历史上许多数学家不仅在数学的发展中有着伟大的建树，而且在其他科学和社会生产中同样也取得了巨大的成就，这正是他们非常注重数学方法研究和总结的结果。

数学的社会功能，实质上是运用数学知识去解决各门科学和社会实践中的实际问题。这里，首先要运用数学模型方法把实际问题抽象为数学问题，然后运用化归原则把面临的数学问题转化为规范问题，最后再运用已知数学方法求出问题的答案并具体化为实际问题的解答。显然，各种实际问题的解决过程都是运用数学的模型方法、抽象化方法、具体化方法、化归原则等各种思想和方法的过程。

3. 有利于发挥数学的思维功能

一方面，数学在人们的思维活动与思维发展中具有独特的作用。数学是"研究思想事物"的科学，数学的研究对象是一种抽象的思维创造物。人们正是在这个抽象的数学王国中不断地研究和发现数学结构内部的固有联系和规律，揭示数学的知识和方法。

另一方面，逻辑思维能力是各种思维能力的核心，培养逻辑思维能力是发展思维的重要途径。众所周知，逻辑推理是数学中重要的推理形式，逻辑方法是贯穿整个数学的基本思维方法，也是数学方法论的重要内容。

## （三）有利于数学教育的改革

社会的不断发展必然对人才智能提出了更高的要求，也就必然引起数学教育任务和性质的根本改革，加强数学方法论的研究对于促进数学教育的改革具有极大的指导和推动作用。

1. 促进教学思想的更新

千百年来传统的教学以"传道、授业、解惑"为根本宗旨，以传授知识作为教学的根本目标，不研究学习规律，忽视能力特别是创造能力的培养，而数学教学也只停留在数学结果的教学上，不注重知识的发展过程，不注重揭示蕴含在知识中的数学思想和数学方法。现代数学教学不仅要向学生传授知识，而且要培养学生的数学能力，特别是发展他们的思维能力。

现代教学思想主要体现在教学的目的观、结构观、质量观和发展观等方面。目的观反映了现代教学的目的，结构观反映了教学过程的规律，质量观是教学的评价意识和评价准则，发展观是教学思想的辩证观念。在现代教学思想中，目的观是核心，结构观是关键。这种数学教学的结构观明确指出了揭示数学的思维过程才是数学教学中最重要、最有意义的成分，是现代教学思想的重大发展。在数学概念、命题、问题解决等各种数学活动中，通过充分展示概念形成、命题发现、思路探求、问题解决的思维过程，提炼出数学的思想方法，揭示数学发现、发明和发展的规律。

由此可见，善于提炼数学的思想方法，在教学中揭示数学思维活动过程，既是现代教学思想的要求，又是数学教学的艺术。数学方法论是研究数学发展规律的科学，通过数学方法论的研究，可有助于理解数学的本质和规律，理解数学的思维过程和思想方法。

### 2.促进教学方法的改革

随着现代教学思想的发展，从 20 世纪 70 年代以来，国外已把教学方法的研究提高到了发展智力、培养人才的高度，教学方法的改革有了更大的进展。现代数学教学方法发展的显著标志之一，就是把重点从接受性学习转向发现性学习、从理解性教学转向发展性教学。围绕教学方法的改革，国外开展了许多实验和研究，我国也进行了许多有益的探索，出现了许多新的教学方法。

教学方法从属于一定的教学思想，而教学思想的发展也必然导致教学方法的深刻变革。现代教学论认为，任何富有成效的数学教学方法，都必须有利于发挥教师主导和学生主体的"两主"的和谐作用，必须注重揭示数学思维过程和数学思想方法。

### 3.促进数学的学习和数学人才的成长

从系统论的观点来看，数学教学中有两个重要的系统：一个是数学的知识系统，主要是古今中外的数学大师们早已发现、论证和整理而形成的数学知识系统；另一个是能力系统，主要是指人们获取数学知识的能力、运用数学知识解决实际问题的能力和从事数学发明创造的能力。长期以来数学教育对第一系统不遗余力地去追求，而对第二系统则不够重视，这种教育只能培养继承型人才，因此，两个系统都必须重视。

一个人数学学习的优劣和数学才能的大小不仅仅在于数学知识的多寡，还在于数学思想和方法的素养，也就是能否领会贯穿于数学中的思想和方法，以及能否灵活运用它们解决各种实际问题和进行数学的发明创造，这是人人所共知的事实。

人们获得知识大体上有两种途径：一种是学习前人已经获得的旧知识，另一种是通过实践探索和理论研究获得新知识。这里，前一种属于继承，后一种属于创新。但无论继承还是创新，要想有效地获得知识，都必须具备数学方法论的素养，掌握数学方法论的基本知识，不仅有助于加深对数学知识的理解，而且有助于掌握数学理论和数学方法的精神实质，从而提高分析和解决实际问题的能力。

数学方法论是研究数学的发展规律、数学的思想方法以及数学中的发现、发明与创新等的学问，它的基本内容是研究发展数学的方法，基本着眼点在于数学的创新。

# 第二节　高校数学方法论的基本方法

## 一、渐进分析法

教材中关于定理、公式的证明大多数采用"演绎法"，这是一种顺向的思维，根据定理的实质直接去探索证明数学命题的思路和方法。这种教学方法在某种意义上是对学生的思维的束缚。而如果采用"分析法"这种逆向的发散性思维方法，反而会收到较好的效果。

## 二、对比式教学

数学是一门逻辑性很强的课程，其前后各章节内容的相关度很高。在教学过程中，如果能把相关内容加以比较或对比，则既可以使学生更好地掌握相关内容的异同，又可以把前后内容串起来形成一个整体的概念。

当然，在谈到联系的同时，更要强调它们之间的区别。例如，一元函数微分学中可导、可微、连续之间的关系很简单。可导与可微是等价的，可导与连续之间的关系概括为三句话"可导必连续，连续不一定可导，不连续必不可导"。但是，多元函数微分学中连续、偏导数存在、可微、偏导数连续之间的关系就不那么简单。这样，通过对比学生对一元和多元微分学中的相关概念就有了一个比较深刻的认识和理解。

另外，将内容相关或相反的部分抓住问题特征进行横向与纵向的比较，增强记忆，避免混淆。例如，在讲课中重点强调不定积分与定积分所表示含义的不同，结合图形表示两者的几何意义，讲明二者的不同点。导数与微分的形式不同，在同一个图形中两者表示的几何意义也不相同。

## 三、自学自讲法

数学教学不是简单地教会学生解题，而是通过教师恰当的引导设疑，激发学生积极的思维，主动地接受知识，对于一些理论性比较简单、计算方法规范的内容，或是对一些关联性较强的知识，可以采用提前自学的方法。教师可以把下堂课要讲的内容、要掌握的知识以问题的形式留给学生，让学生有目的地学习。用这样的方法可以避免教学内容的重复，提高学生的自学能力。例如，考虑到学生对均值的检验已有了深刻的理解，并且已掌握了检验的基本原理，所以提前布置了几个关于方差的问题，指定几个学生提前进行准备，上课时到讲台上来谈一下这个问题。

## 四、讨论互动法

讨论也是一个很好的方法，目前在国外已被广泛应用。它不仅打破了传统的教学方式，而且缩短了学生与教师间的距离，使死板的课堂教学气氛变得其乐融融，使原来枯燥、无味的知识变得生动有趣，提高了学生的学习兴趣及学习积极性。

讨论式教学的实施方法主要有五点：

第一，营造课堂上良好的讨论气氛。在教学活动中，教师与学生之间是平等的，不是服从与被服从的关系。教师应发扬教学民主，在分析问题、讨论问题中积极鼓励学生大胆质疑、提看法，使学生在讨论学习中有"解放感""轻松感"。这样才有利于学生在课堂上大胆提出问题、畅所欲言、集思广益，逐步形成宽松民主的课堂气氛，为学生之间、师生之间的学习创设良好的教学环境。

第二，确定讨论问题。教师给出讨论提纲，为学生自学定标定向，让学生根据提纲阅读教材或有针对性、有选择性地阅读教材的重点、难点，或者由教师引导学生发现新知识后再由学生阅读教材，从而使学生对本节课的新知识有初步的了解。在阅读时，要求学生对书中概念、定理、公式、法则、性质等要边看边思考，反复推敲，顺着导读提纲的思路，弄清知识的提出、发展和形成过程，弄清知识的来龙去脉。对自学中碰到的疑难问题初步质疑，经过预习，学生会产生并提出各种各样的问题。在精心选定讨论议题时，应考虑了以下因素。

①要选择与达成教学目标关系紧密的问题。

②要选择容易引发争论的问题，以营造课堂讨论的气氛。

③应选择学生目前独立理解不了、解决不了的问题，这样的议题能激发学生讨论的兴趣，能引导学生的思维向更高层次发展。

第三，实施"三轮"方法，正确引导。在实行"讨论式教学"过程中，可以设计"三轮"讨论方法。

第一轮：泛谈式讨论。这是在学生个人预习、初步质疑的基础上，先分组交流问题、组内筛选后，再由各组代表向全班提出问题，教师则在众多问题中整理、归纳出若干普遍性的问题向全班分享。

第二轮：探索式讨论。这是在"泛谈"的基础上确定讨论的问题，教师发动学生进一步酝酿，展开探索研讨。

第三轮：交锋式讨论。交锋式讨论其实是课堂讨论的一个高潮。教师要鼓励学生发表不同意见，甚至是尖锐、激烈的意见。有时双方交锋会出现争执不下的场面，这是好事，创新的亮点也许就闪现其间。

在交锋式讨论过程中，教师也可适时发表自己的见解，以理服人；有时也可以对讨论的问题做归纳或小结。对各组自学存在的困惑不解的问题以及新知识中的重点、难点、疑点，教师不要急于做讲解、回答，要针对疑惑的实质给予必要的"点拨"，让学生调整自己的认识思路，让全班学生讨论，各抒己见，集思广益，互动探究，取长补短，通过再思、再议达到"通"的境地，解惑释疑。

第四，练习巩固。这一环节的目的是巩固知识。教师要精心设计练习题，突出解题的思路和思想方法，突出在练习过程所出现的难点、疑点，先让学生独立思考，分组共同议论，后由教师提问或学生扮演的形式促进全班分组学习，创造性解决问题。

第五，归纳总结。就是对所学内容进行归纳整理，巩固深化所学知识。课堂小结也应师生合作，共同参与。先让学生谈学习体会、学习心得，谈学习中应注意的问题，教师再予以"画龙点睛"。

## 五、适度启发法

启发式教学打破了传统填鸭式教学方法的限制，是任何一种教学方法都必须遵守的原则。有些教师也或多或少地感受到其在教学中的重要作用，但是对如何正确地把握启发式教学方法却感到茫然。其实准确把握启发式教学的关键是要掌握如何发问、何时问、何时答、如何答的问题，从而达到完美的教学艺术境界。启发式教学虽然好，但不可以滥用。

因此在采用启发式教学时，教师不仅要对教学内容非常熟悉，还应对问题的实质有正确的把握，恰当地设问、引导、启迪，同时应将教育心理学运用于教学当中，掌握学生心理，及时调整教学内容，达到教与学的相互渗透，增加教与学的互动性。

# 第三节　高校数学教学的思维方法

## 一、高校数学教学思维方法中存在的问题

高校数学教学思维方法的探究在各种数学教学研究中处处可见，但在具体教学过程中，在认识及教学策略上似乎还存在一些问题。

### （一）认识侧重点存在偏差

本书认为，高校数学教学思维方法存在认识上的偏差，主要体现在处理知识与数学思维方法的渗透过程以及数学思维方法的内在联系上。

1. 教学思想方法与知识的关系

目前有一种说法"知识只是思维的载体"，甚至有一种极端的说法"知识不重要，关键在于过程"。但这种认识如果走向极端，可能会造成学生的学习基础不扎实。实际上，在数学教学过程中，很多时候不能把知识与过程的关系一概而论，有的时候知识更重要，而数学思维方法可以退居其次。有的时候则是数学思维方法重要，而结论似乎可以暂时不提；很多时候则是数学思维方法与数学知识并重。

2. 数学教学思维方法的内在关系

很多数学教学问题含有多种数学教学思维方法。数学教学思维与数学教学方法是否区分似乎并不是第一位的，因为它们本身联系就非常密切。任何数学教学思维必须依靠数学教学方法得以体现，任何数学教学方法的背后都有数学教学思维作为支撑。

数学教学技能中有很多的方法模块，这些方法模块背后有一定层次的数学教学思维方法和理论依据。在解决具体问题时，可以越过使用这些模块的理论说明，直接形式化使用，我们姑且称之为原理型数学教学技能。数学中一些公理、定理、原理教学，甚至在解题过程中积累起来的"经验模块"等的使用能够使数学教学解决更复杂的问题。为了建立和运用这些"方法模块"，首先必须让学生经历验证或理解它们的正确性；其次，这些"方法模块"往往需要一定的条件和格式要求，如果学生不理解其背后的数学方法，很可能在运用过程中出现逻辑错误。

### （二）教学策略认识尚模糊

解决问题与方法之间蕴涵着纵横交错的关系，尽管我们在数学教学过程中强调"一题多解""多题一解"等方面的训练，但真正关于知识与方法关系处理的策略，尤其是关于数学教学思维方法的策略的认识似乎还欠清晰。

现如今编写教材也好，教师上课也好，基本上是以数学知识为主线，而数学教学思维方法却似乎是个影子，忽隐忽现，其中的规律也很少有人去认真思考。我们不反对让数学教学思维方法"镶嵌"在数学知识和数学问题中，以重复的方式出现，但我们缺乏一些认真的思考，数学教学思维方法几乎处于一种随意和无序状态恐怕有些不妥。

## 二、高校数学教学思维方法的主要类型探究

### （一）情境型

数学教学思维方法的第一种类型应该属于情境型，人们在很多问题的处理上往往会"触景生情"地产生各种想法，数学思维方法的产生也往往出自各种情境。情境型数学教学思维方法可以分为"唤醒"刺激型和"激发"灵感型两种。"唤醒"刺激型属于被激发者已经具备某种数学思维，但需要外界的某种刺激才能联想的教学手段，这种刺激的制造者往往是教师或教材编写者等，刺激的方法往往是由弱到强。

情境型数学教学思维方法必须具备以下三个条件。

①一定的知识、技能、思想方法的储备。

②被刺激者具有一定的主动性。

③具有一定的激发手段的情境条件。

情境型数学教学思维方法的主要意图在于通过人为情境的创设让学生产生捕捉信息的敏感性，形成良好的思维习惯，将来在真正的自然情境下能够主动运用一些思想方法去解决问题。

外界情境刺激的强弱与主体的数学方法的运用是有一定关系的。当然与主体的动机及内在的数学思维方法储备显然关系更密切。就动机而言，问题解决者如果把动机局限在问题解决，那么他只要找到一种数学思维方法解决即可，不会再思考用其他数学思维方法了。笔者认为，应该以通性通法作为数学教学思维方法的主线。

任何一个数学问题都可以理解为激发学生数学思维方法运用的情境，其实，

在教学过程中，任何一章、一个单元、一节课，都有必要创设情境，其背后都有数学教学思维方法的体现。这一点在具体的数学教学中往往被教师忽视。

不管是一个章节还是一个具体的数学问题，这种情境激发学生的数学思维方法去解决问题的最终目的是使学生在将来的实际生活中能够运用所形成的数学思维方法甚至创设一种数学思维方法去解决相关问题。所以，现在的课程应注重创设实际问题情境。引导学生用数学的眼光审视、运用数学联想、采用数学工具、利用数学思维方法去解决实际问题。

情境型数学教学思维方法应该正确处理好数学情境与生活情境的关系，两种情境的创设都很重要。尽管现在新课程引入比较强调一节课从实际问题情境中引出，但我们应该注意，都从实际问题引入往往会打乱数学本身内在的逻辑链，不利于学生的数学学习，而过分采用数学情境引入则不利于学生学习数学的动机及兴趣的进一步激发和实际问题的解决能力的培养，数学思维方法的产生和培养往往都是通过这些情境的创设来达到的。

## （二）渗透型

渗透型数学教学思维方法是指教师不挑明属于何种数学思维方法而进行的教学方法，它的特点是有步骤地渗透，但不指出。

所谓唤醒是指创设一定的情境把学生在平时生活中积累的经验从无意注意转到有意注意，激活学生的"记忆库"，并进行记忆检索；而归纳是指将学生激发出来的不同生活原型和体验进行比较与分析，并对这些原型和体验的共性进行归纳，这个环节是能否成功抽象的关键，需用足够的"样本"支持和一定的时间建构。抽象过程需要主体的积极建构，并形成正确的概念表征。描述是教师为了让学生形成正确概念表征的教学行为，值得注意的是，教师的表述不能让学生误以为是对元概念的定义。

如空间平面、空间直线、空间曲面与曲线的教学有数学思维方法的"暗线"。第一，研究繁杂的空间几何体必须有一个策略，那就是从简单到复杂的过程，第一个策略是从"平"到"曲"，然后再到"平"与"曲"的混合体。第二个策略是对"平"的几何体进行"元素分析"，自然注意到直线、平面这些基本元素。第二，如果对空间几何体彻底进行分解，空间的点可以称得上是最基本的了，有了空间中的点，有了方向向量就可以描述直线；有了空间中的点，有法向量就可以描述平面。第三，求曲线的切线、求曲面的切平面就是典型的渗透型数学教学思维方法。

### （三）专题型

专题型数学教学思维方法属于教师指明某种数学思维方法并进行有意识的训练和提高的教学方法。数学教学中应该以通性通法为教学重点，如待定系数法、数学归纳法、常数变易法等，教学应该对这些方法予以足够重视，值得指出的是，目前对一些数学教学思维方法，各个教师的认识可能不尽相同，因此处理起来就各有侧重。笔者认为，数学教学思维方法有文化传承的意义，数学教学改革及教材改革应该对此有所关注。

### （四）反思型

数学教学思维方法林林总总，有大法也有小法，有的大法是由一些小法整合而成的，这些方法就有进一步训练的必要，而有些方法却是适应范围极小的"雕虫小技"，这些"雕虫小技"却也可以人为地"找"或"构造"一些数学问题进行泛化来"扩大影响力"，进而成为吸引学生注意力的"魔法"。因此，如何整合一些数学教学思维方法是一个很值得探讨的话题，而这些整合往往得通过教师自己进行必要的反思，也可以在指导者的组织下进行反思和总结，这种数学教学思维方法称之为反思型数学教学思维方法。

# 第四节　创新高校数学教学方法论

## 一、高校数学教学探究性学习方法

高校数学课堂教学的研究越来越受到教育工作者的重视。时代呼唤创新能力，高校数学教学中如何培养学生的创新能力是高校数学教师需要回答的实践性问题。培养学生创新能力的途径是多种多样的，应根据数学自身的学科特点，结合数学内在的联系和数学研究发展的轨迹。

高校数学课堂教学中创设探究性问题是为了探索符合课程理念的数学课堂教学模式，也是对传统数学教学方法的扬弃和深刻的变革。回顾过去，传统的数学教学过于注重书本知识的传授，强调解题技巧的训练，注重接受学习、死记硬背、机械训练等学习方式。而创新理念下的课堂教学则强调通过"问题情境—建立模型—解释应用与拓展"的教学模式进行数学内容的学习。探究性问题的介入是为了改变传统数学课堂教学封闭、僵化、单一的状态，也是对封闭性数学问题的有益补充。在数学教材中大量出现的是封闭性问题，这类问题的四个要素，即题目的条件、解题的依据、解题的方法、题目的结论都是解题者已经知道的或者结论虽未指明但它是完全确定的，只需利用题目给出的条件，运用已有的数学知识和方法，推出题目的结论即可。

## （一）探究性学习的含义

所谓探究性学习就是学生在教师的指导下，从学科领域或现实社会生活中主动选择和确定研究课题，以一种类似于学术或科学研究的方法，让学生自主、独立地发现问题，进行实验、操作、调查、信息搜集与处理、表达与交流等探究活动，从而在解决问题中获得知识与能力，实现知识与能力、过程与方法、情感、态度和价值观的发展，特别是探索精神和创新能力发展的一种学习活动和学习过程。

在课堂教学中实施探究学习必须具备以下条件。

①要有探究的欲望。探究就是探讨研究，探究是一种需要，探究欲实际上就是求知欲。探究欲是一种内在的东西，它解决的是"想不想"探究的问题。在课堂教学中，教师一个十分重要的任务就是培养和激发学生的探究欲望，使其经常处于一种探究的冲动之中。

②探究要有问题空间。不是什么事情、什么问题都需要探究的。问题空间有多大，探究的空间就有多大，要想让学生真正地探究学习，问题设计是关键。问题从哪儿来，一方面是教师设计，一方面是学生提出。

## （二）探究性学习的主要特点

探究性学习作为一种学习活动和过程、作为一种特定的学习方式，主要有以下四个特点。

### 1. 自主性

相对于被动接受式学习来说，探究性学习是基于学生兴趣展开的主动学习活动。选择何种问题进行探究由学生自己决定。学生选择自己感兴趣的问题来实施探究，学习就成了一种内在的需求。由于是一种内在的需求，在探究学习过程中，学生能主动承担学习的责任，积极克服学习中的困难，产生"我要学"的心理愿望，使学习成为一个自主的过程。

### 2. 综合性

探究性学习至少体现了两方面的综合性，一是学习内容的综合性，二是学习活动的综合性。数学学科课程以数学学科为中心，在复杂的社会系统中，分割状态的学科式的问题很少见，现实的问题往往是复杂的、综合的。学生必须综合运用多学科的知识，才能解决现实生活中的问题。学生选择这些综合性问题加以探究，实际上就获得了一个多元、综合的学习机会。

### 3. 实践性

探究性学习是以学生主体实践活动为主线展开的，学生在做中学，在学中做，学生的实践活动贯穿整个学习过程的始终，具有极强的实践性。第一，强调亲身参与。要求学生不仅要用大脑去思考，而且要用眼睛去看、用耳朵去听、用嘴巴去说、用双手去做，即用自己的身体去经历、用自己的心灵去感悟。第二，重视探究经验。

### 4. 开放性

探究性学习具有明显的开放性，主要表现为三个方面。一是学习内容的开放性。探究性学习在内容上注重联系学生的生活实际，联系自然界、人类社会发展的实际问题，特别关注与人类生存、社会经济发展、科学技术发展相关的问题。研究内容的广域性、综合性决定了探究性学习的内容要从学科领域拓展到现实生活中的事件、现象和情境中，不再局限于僵化的书本知识，而是一个开放的知识体系。二是学习时空的开放性。探究性学习内容的开放性，使探究性学习形式体现出最大的开放度。三是学习结果的开放性。探究性学习允许学生按自己的理解以及自己熟悉的方式去解决问题，允许学生按各自的能力和所掌握的资料以及各自的思维方式得出不同的结论，不追求结论的唯一性和标准性。

## （三）探究内容的选择

### 1. 选择探究内容的意义

这里所说的探究内容，并非探究活动所依据的学科知识体系，而是指探究的具体对象。为什么要对探究内容进行选择？原因有以下两点。

①并非所有的内容都适合探究。这里又分为两种情况，一是有些内容，特别是一些抽象言语信息是很难通过简单的探究活动概括出来的，不利于进行探究教学；二是有些内容由于材料、设备或者学生学习准备情况的限制，不能进行探究。

②并非所有可探究内容都能符合探究教学的整体计划。有时也许是不符合学科知识、体系的要求，有时也许是不符合学生能力发展的逻辑。

当然，也不能否认这种情况存在：有时我们所面对的内容是固定的，只是经过分析觉得这个内容适合探究教学的方式，才展开探究教学。

选择探究内容的意义主要体现在以下两点。

①探究内容是教学探究目标实现的载体。任何探究目标的达成都必须通过一定的探究对象而实现。因此，选择恰当的探究内容是实现探究目的的必要条件。

②探究内容是选择学习材料、安排学习环境和教学条件的依据。探究目标对此三者的决定作用不是直接实现的，而是通过探究内容对它们提出具体要求。

2.探究内容选择的范围

虽然探究的内容是从属于学科知识体系的，但是，探究内容选择的范围绝非简单地局限在学科知识体系之内。本书提出的探究内容的选择范围包括以下三种。

①教材。之所以把教材列在第一位，是考虑到教材是学科知识体系的精选，具有一定的可操作性。

②社会生活问题。即选择社会生活中的现象、问题进行探究。

③学生自身的发现。

3.探究内容选择的依据

（1）探究目标

探究目标从以下三方面决定其内容的选择。

①知识目标决定探究内容选择的范围，即只能在这个知识体系内选择具有代表性的事例进行探究。

②技能目标决定探究内容选取的角度。

③态度目标决定探究内容的呈现方式。

（2）学生学习的准备情况和学习特征

学生学习的准备情况指明了学生已经具备的学习条件，而这种学习条件决定了哪些内容可以进行探究。

4.探究内容选择的原则

（1）适度原则

这里的适度是指工作量上的适度。在探究教学中，探究内容既不能过于复杂，需要花费太长的时间进行探究，也不能太过简单，学生很容易就可以得出结果，从而失去探究的兴趣。在每一次探究中，一般要选择只含一个中心问题的内容，进行一次探究循环过程即可解决问题，通常不要求学生对证据做过多的探究。适度的原则更主要的是指难度上的适宜。探究内容难度确定的理论依据之一就是"最近发展区"理论。

（2）引起兴趣原则

学生主体性得以发挥的前提条件之一便是他们具有了内在动机，因此，以学生发挥主体作用为特征的探究教学必须能充分激发学生的内在动机，探究的内容即肩负着这样的使命。可以这样讲，学生对探究内容的兴趣是探究活动进行下去的动力源泉。什么样的内容才能引起学生的兴趣呢？首先，能够满足学生现实需要的内容才能引起学生兴趣。这也是当代科学教育把目光转向学生生活、选择切合学生实际内容的原因之一；其次，对于超越常规但也在情理之中的问题，学生也会感兴趣，因为这样的问题能够激发学生了解的欲望。

（3）可操作性原则

探究教学的特征决定着探究内容应具有可操作性，即探究内容可以通过有步骤的探究活动得到答案的问题。主要有两条标准：一是探究的结果与某些变量之间具有因果关系，而因果联系通过演绎推理是可以成立的。如果这种因果联系不成立，探究活动便没有结果；如果这种因果联系不能以演绎方式而推得，就会使探究活动不严密，学生也难以把握。二是这种因果联系在现有条件下可以通过探究活动来证明。所谓现有条件，一方面是指现有的物质条件，如学习材料、实验设备等；另一方面指学生已有的知识准备、技能准备等。

## 二、高校数学教学合作学习方法

随着教学改革的逐步深入，高校数学课堂教学的组织形式也在悄然发生变化。原有的单一、被动的学习方式已被打破，出现了旨在充分调动、发挥学生主体性的多样化的学习方式，如自主学习、合作学习、探究学习等。其中，小组合作学习是高校数学课堂教学中应用得最多的学习方式。

### （一）合作学习的意义

合作学习作为课程改革所倡导的学习方式之一，随着基础教育课程改革的推进，越来越被认为是一种有效的学习方式。合作学习有利于营造一个良好的探究氛围，使学生更加积极地参与到同学之间的交流探究之中。

1. 强调学生的主体参与，强调同学之间的相互合作

在学习过程中，学生不但要用大脑思考，还要用眼睛看、用耳朵听、用嘴巴说、用双手做，也就是说，学生要用自己的身心经历、感悟和体验。因此，合作学习改变了传统课堂单一、被动、陈旧的学习方式，使教学过程建立在学生自主学习、相互沟通的基础上，从而有效开发了高校数学课堂教学效率的资源。

2. 以"要求人人都能进步"为教学宗旨

合作学习，努力为学生营造一个心理自由和安全的学习环境，学生在学习的过程中呼吸着自由的空气、体验着自我的价值、感悟着做人的尊严。良好的心理体验激发了学生的学习兴趣，小组的学习方式实现了学生心理的互补，新型的评价制度激活了学生的学习潜能。

3. 倡导"人人为我，我为人人"的学习理念

合作学习的过程是一种团队意识引导下的集体学习方式，学习过程中的分工与协作、学习结果以小组成绩作为评价依据的方法，使学生强烈地意识到"我们相互依存、荣辱与共""只有我尽力了，大家才能赢，也只有大家赢了，我才能赢"。

4. 培养学生的合作互助意识，形成学习与交往的合作技能

在合作学习过程中，学生对学习内容不但要自我解读、自我理解，而且要学会表述、学会倾听、学会询问、学会赞扬、学会支持、学会说服、学会采纳。因此，合作学习不仅能够满足学生学习和交往的需要，更有助于形成学生学习和交往的技能，促进学生学习能力和生活能力的发展。正因为这样，合作学习体现了教育的时代意义，实现了教育的享用功能，即为学生在未来社会中能自由地享受生活和建设生活奠定了基础。

## （二）合作学习的类型和方式

合作学习作为一种行之有效的教育实践，备受关注，发展迅速。可以把合作学习分为两种类型：相同内容的合作学习与不同内容的合作学习。

1. 相同内容的合作学习

相同内容的合作学习是指全班学生以小组为单位，学习相同的教学内容，共同完成学习任务的学习方式。它主要适用于学习任务比较单一的教学活动，一般操作方式有三点。

①学习前的准备。首先，让全体学生明确学习目标；其次，让学生分组；然后，为每个小组、每个学生准备并提供学习材料。

②进行合作学习。学生在进行合作学习时，教师应当参与学生的学习过程，这种参与主要表现为观察、倾听、介入和分享。

③进行学习总结与评价。

相同内容合作学习的实施要求。这种类型的合作学习在实践中运用较多，但通常情况下，教师会为这样一个核心问题所困惑：在小组学习过程中，学习仍然

只发生在少数学生身上，其他学生并没有真正介入学习过程。

### 2. 不同内容的合作学习

不同内容的合作学习是指教师把某一内容的教学任务分解为几个子任务并设计与之对应的学习材料，学习小组的每个学生负责学习其中的一个材料以完成相应的任务，然后把各小组中学习相同材料的同学组合起来进行合作学习，以求熟练掌握。随后学生重新回到自己所属小组，分别将自己所掌握的内容与小组的其他同学交流。

这种类型的合作学习适用于任何学科、任何学段的学习，它的显著优点：小组内的每个学生都获得了一项独特的任务，产生相应的学习责任，他们将最大限度地投入学习活动之中。下面来介绍这一合作学习方法的实施要求和开展条件。

（1）不同内容合作学习的实施要求

①采取措施，提升个人责任。在不同内容的合作学习过程中，学生的责任意识显得非常重要。因为学习任务的全面完成是通过"给予"和"索取"实现的，这就需要学生尽责尽力。因此，采取措施激发学生的学习责任感显然是必要的。

②指导方法，形成合作技能。在不同内容的合作学习过程中，学生能否有效地完成学习任务，不仅取决于学生的个人责任，还取决于学生的合作技能。这种学习任务的完成需要依赖其他同学提供信息，因此学生是否善于传达信息，是否善于接收信息，是否善于求助、善于解释等，直接影响着学习的效果，教师应当加强这些方面的指导。

③提供帮助，确保学习效果。在很多时候，学生的合作学习都会存在一定的困难和问题，所以合作学习效果的保证离不开教师的帮助。这种帮助主要表现在两个时段：一是首轮合作学习时，为了确保每个学生都能形成某一方面的认知，并能有效表达，教师既要参与学生讨论，给予必要的启发引导，又应该关注基础和表达能力较差的同学，并采取有效措施，保证他们的学习所得和语言输出。二是在学习结束前，教师应该借助一些具体手段帮助学生形成这部分内容的知识结构，学生凭借他人介绍所得到的知识几乎都是零散的，只有对零散的知识进行系统化整理，才能保证学生学习的有效性。

（2）不同内容合作学习开展的重要条件

不同内容合作学习开展的一个重要条件是学习内容的选择。一般情况下，这种学习内容不是现成的书本知识，而是教师根据课程标准和教材规定所编写的具有"可学习"特征的材料。

### （三）科学划分合作小组

在合作学习过程中，我们期望所有学生都能进行有效的沟通、所有的学生都能有收获、所有的小组都能公平竞争，以此促进学生个体和集体的同步发展。因此，在分组的时候不能随意性太强，而采用"组内异质、组间同质"的方法，科学地划分合作学习小组是可行的。所谓"组内异质"，就是把学习成绩、综合能力、性别，甚至性格、家庭背景等方面不同的学生分在一个小组之内，使小组内学生在上述方面合理搭配，他们是不同却又是互补的。而由于异质分组，就使每一个小组在各方面都比较均衡，做到了"组间同质"。这样的分组既便于学生之间的互相学习与帮助，也为每一个小组站在同一条起跑线上进行公平竞争打下了基础。同时，也必须注意在分组的时候原则上不允许学生自由选择本组成员，防止出现组内同质的现象。

### （四）把握合作学习的时机

一般说来，开展合作学习应当把握以下几个时机。

①当学生在自主学习的基础上产生了合作学习愿望的时候。在数学教材中，有些知识是学生通过自主学习就能掌握的。在教学中经常指导学生自学是一种有效的教学方法，但由于个性差异，在自主学习过程中学生对于知识的理解是不一样的。

②当一定数量的学生在学习上遇到疑难问题，通过个人努力无法解决的时候。学生的积极思维往往是由问题开始的，又在解决问题的过程中得到发展。当学生"心求通而未达，口欲言而未能"时，教师宜采用"抛锚式"教学策略，把问题放到小组内，让学生合作交流、相互启发。

③当需要把学生的自主学习引向深入的时候。

④当学生的思路不开阔，需要启发的时候。

⑤当学生的意见出现较大分歧，需要共同探讨的时候。学生都想尽力表现自己，出现意见不统一时，总认为自己的思考是正确的，别人的意见往往不会去仔细分析，这时采用小组合作学习的方式，让他们在组内冷静地思考、理智地分析，有利于培养学生良好的思维品质。

⑥当学习任务较重，需要分工协作的时候。学生的思维往往是不够周密的，涉及知识点较多，或需从多方面说明问题时，容易表现得丢三落四，这时采用合作学习方式，让学生通过讨论得出完整答案，对学生思维的发展是有益的。

⑦在突出重点、突破难点及揭示规律性知识时进行合作。教学内容有主次之

分，课堂教学必须集中主要精力解决重要问题。围绕重点内容展开合作交流，往往能使学生对知识产生"刻骨铭心"的记忆。

针对一些抽象的概念、规律设计一些讨论题，可以使学生对问题的认识更为生动、具体，从而使知识成为思维的必然结果。

⑧出现易混淆的概念时进行合作学习。在数学教学中，经常会出现一些学生容易弄混、模糊的概念、有的相似、有的相近、有的则相反。当出现这类知识时，教师就应放手让学生充分地合作交流，自己去区分、比较它们的不同。这样不仅有利于学生辨清知识的异同点，还能培养学生对知识的鉴别能力。

⑨新旧知识迁移时进行合作交流。不少知识在内容或形式上有相似之处，若能使学生将已经掌握的旧知识或思维方式迁移到新知识上去，学生会更具有探究新知的欲望。此时，如果设置几个问题让学生去交流，可驱动学生的思维并锻炼思维的灵活性。

⑩解决探究型问题时运用合作交流。探究型问题的难度较大，不通过合作学习难以完成或者得不到比较完整的结果。这时候学生迫切希望彼此协作，此时安排合作学习，学生定会全身心地投入。

⑪矫正错误时进行合作交流。教学中难免有学生对某些知识的理解产生偏差，此时，若能抓住这类具有普遍性的问题组织交流，然后有针对性地矫正错误，往往会收到事半功倍的效果。

⑫答案多样时进行合作学习。教学中常会遇到学生在解答习题时出现多种答案且争执不下的情况，这时教师可以写出各种答案，组织学生小组合作讨论，让每个学生在组内发表意见，对答案逐个分析，求得一致的结果。对一些开放性题目也可在组内合作讨论。

⑬操作实验、探索问题时进行合作学习。在操作实验、探索问题时进行合作学习，不仅能够帮助学生通过动手操作、亲知亲闻、亲自体验知识产生的过程，提高解决问题的能力，更重要的是在实验操作的分工合作中培养学生的协调能力、责任意识和合作精神，并且使他们懂得如何在群体中规范自我，最大限度地体现自身的价值。

### （五）加强合作学习的指导和监督

在合作学习的背景下，教师的角色是合作者。教师应当积极主动地参与到不同合作学习小组的学习活动中去，指导学生的合作学习，监督学生的合作学习。这一点对学生来说尤为重要。教师的指导主要包括合作技巧的指导和学习困难的指导两方面。合作技巧的指导，主要是指导合作学习小组如何分配学习任务、如何分配学习角色，指导小组成员如何向同伴提问、如何辅导同伴，指导小组成员学会倾听同伴的发言、学会相互交流，指导合作学习小组如何协调小组成员间的分歧、如何归纳小组成员的观点。学习困难的指导，是指当合作学习小组遇到学习困难时，提供必要的帮助。教师的监督主要体现在：纠正学生偏离主题的讨论，避免学生的合作学习步入误区，防止学生的讨论和交流出现冷场的局面，防止某些学生过度依赖同伴的帮助，根据学生学习的状况合理调节合作学习的时间。

### 1. 学生合作学习行为的产生

人的任何行为都是在特定环境中出现的，合作学习的行为也不例外。由于历史传统和现实的原因，我国学生在学习中很少有合作行为的发生。由此看来，诱发学生的合作行为对于教师而言是一项非常重要的工作。就一般情况而言，以下三方面的工作是必须做的。

（1）改变课堂的空间形式

在传统课堂上学生很少有合作行为，其中一个很重要的原因在于课堂的空间形式。秧田式的座位方式减少了学生彼此之间合作的可能，即使有合作行为的出现，也只是一种师生之间的合作，是学生为了配合教师而采取的一种学习行为，学生基本上是被动的。改变课堂空间的形式，形成学生之间的目光、语言交流，为合作行为的产生提供可能。

根据实际教学需要，可以把课堂设计成三种形式。

①会晤型，即同学面对面而坐，用于 2 人或 4 人的学习小组。

②马蹄型，即在一马蹄型空间中，学生围坐三边，开口朝前，一般用于 3 ～ 6 人的学习小组。

③圆桌型，即在一个椭圆形的空间中，学生围坐周围，一般用于 10 人左右的学习小组。

（2）创建能够形成合作的学习小组

学生的合作行为是在小组合作学习的过程中出现的，小组内部的人际关系、合作氛围是制约个体合作行为的关键因素。因此，科学的分组对合作行为的产生是一个非常重要的问题。

①小组规模。社会心理学的研究表明，复杂的关系容易对人形成压力。所以一般情况下小组规模不宜过大，以 4 ～ 6 人为宜。

②小组构成。实践证明，小组构成应该遵循"组内异质、组间同质"的原则，这样建构小组至少有两个优点：一是同组同学之间能够相互帮助、相互支持，二是不同小组的学习可以比较，形成竞争。不过教师按此原则组合学生时，应充分了解和研究学生，既要努力做到组与组之间的平衡，又要兼顾组内同学彼此之间的可接受性。

③任务分配。合作学习需要全体成员的共同努力，在学习内容和学习结果上组员之间有着很强的相互依赖性。因此所分配的学习任务使每个学生既要对自己所学的部分全力以赴，又要依靠小组其他同学的帮助完成自己未学部分的学习任务，这种做法保证了全班每个学生的积极投入，从而保证了学习资源的充分利用。

（3）精心设计合作行为教学活动

在改变了学生的座位形式和科学分组的前提下，教师对教学活动的精心设计是诱发学生合作学习行为的关键因素。主要表现为教材加工、活动组织和学习评价三个方面。

①教材加工。教材加工是教师教育实践的一个重要内容。在传统教学中，教师对教材的加工主要按照系统性的要求进行操作，而在合作学习中，教师对教材的加工主要表现为对教材现有知识的"改造"。这种改造工作说到底是一种知识的还原工作，也就是把教材中的结论性知识改造成能够得出这一结论的、具有"可学习"特征的材料，这种"可学习"特征的材料如果能引发学生好奇、贴近学生经验、落在学生"最近发展区"附近，那么学生学习的意识就能被唤醒，合作的需求就会被激发，合作行为的产生也就有了可能。

②活动组织。传统的备课活动通常要求教师准备教学方法，但这样的要求只不过是一种形式，一般不能使课堂活动真正落实，而学生的合作行为离不开学生的合作心理和真实的学习活动。因此，在课前的教学设计中，教师的工作不只是加工教学内容，还应该把设计重点放在激发学生的合作心理和组织学生的学习活动上。

③学习评价。评价在教学过程中具有重要作用，运用适当的评价能产生积极的激励作用。在传统教学中，评价主要是教师针对学生个体进行认可或否定，其功能主要表现为筛选和甄别，容易挫伤部分学生的学习积极性，导致学生害怕、厌恶、甚至逃避学习。合作学习倡导"人人进步"的教学理念，所以教师在运用评价手段时，一定要注意改进传统的评价方法，把对个体的成绩评价改为对团体的积分评价，把学生个体置于同类人的背景中进行考评。

2. 学生合作行为的指导

当学生有了合作意向，并且面对面地坐在一起时，合作学习的开展依然不一定能如愿以偿。究其原因，更多地在于学生缺乏必要的人际交往技能和小组合作技能。教师除了要引导学生的合作意向，还要帮助学生形成良好的合作行为，尤其要做好以下三个方面的工作。

（1）养成良好的"倾听"习惯

所谓倾听，是指细心地听取。合作学习要求学生能够非常专注而且有耐心地聆听其他同学的发言，所以教师要加强学生倾听行为的培养。良好倾听行为的养成，应注意抓好以下四个方面。

①指导学生专心地听别人发言。要求学生听别人发言时眼睛注视对方，并且要用微笑、点头等方式给对方以积极的暗示。

②指导学生努力听懂别人的发言。要求学生边听边想，记住（笔录）要点，并考虑这个发言有没有道理。

③指导学生尊重别人的发言。要求学生不随便打断别人的发言，有不同意见必须等别人讲完后再提出来；听取别人发言时如果有疑问需要请对方解释说明时，要使用礼貌用语。

④指导学生学会体察。逐步要求学生站在对方的角度思考问题，体会对方的看法和感受。

（2）养成良好的"表达"习惯

表达即表示，主要依靠语言，也可以使用其他辅助形式。合作学习需要学生向别人发表意见、提供事实、解释问题等，学生能否很好地表达直接影响着别人能否有效地获取。教师主要从以下三个方面给学生提供帮助。

①培养学生先准备后发言的习惯。要求学生在发言前认真思考，能够围绕中心有条理地表述，并且必要时可以做一些书面准备。

②培养学生"表白"的能力。要求学生在阐述自己的思想时，能借助解释的方式说明自己的意思。实践告诉我们，提供"解释"的效果远远超出简单告知。

③指导学生运用辅助手段强化口语效果。在很多时候，学生会有词不达意的现象，因此，教师应该指导学生运用面部表情、身体动作、图示或表演等手段来克服口语的不足。

（3）养成良好的"支持"与"扩充"习惯

"支持"即鼓励和赞助，"扩充"也就是进一步补充。合作学习的一个显著特征就是合作伙伴之间相互帮助、相互支持，所以教师应当帮助学生学会对别人的意见表示支持，并能进一步扩充。

①运用口头语言表示支持。教师要指导学生运用能给人以鼓舞的口头语言，如"你的想法很好！""你很棒！""很有意思！""很好，继续往下说！"等。

②运用肢体语言表示支持。教师要注意帮助学生学会运用头部语言、手势语言等对同伴进行鼓励，如点头、微笑、会意的眼神、竖大拇指和击掌等。

③在对别人的意见表示支持的基础上，能对别人的意见进行复述和补充。

# 第四章　高校数学教学常规方法

本书第四章为高校数学教学常规方法，依次介绍了公理化教学方法、类比教学方法、归纳法与数学归纳法、数学构造教学方法、化归教学方法、数学建模教学方法六个方面的内容。

# 第一节　公理化教学方法

## 一、公理化教学方法的意义

公理化教学方法是重要的数学思想方法之一，现代数学中许多理论体系都是按公理法建构起来的，随着数学知识在其他学科中的广泛应用，公理化教学方法也日益应用到其他学科中，但是长期以来，人们对这种方法存在着各种各样的看法，当然也有许多争议，因此，如何正确认识数学中的公理化教学方法，不仅对数学学科的发展，而且对相关学科的建设也有重要的意义。基于此，有必要对公理化教学方法的意义、发展简史以及在数学中的应用等一系列问题进行研究。

在数学中，反映数学关系和数学事实的主线是数学命题和定理，一个命题是通过某些已知命题推导出来的，而这一已知命题又是由之前已知的命题推导出来的，然而，总不能这样无限制地追溯回去，而应将一些命题作为起点，把这些作为起点并被承认下来的命题称为公理，同样，对于概念来讲，也有些不加定义的原始概念，并以此为基础来讨论公理化教学方法的意义。

关于公理化教学方法的意义有如下三种观点。

①从尽可能少的无定义的原始概念和一组不证自明的命题（公理）出发，利用纯逻辑推理法则，把数学建成演绎系统的一种方法。

②从尽可能少的无定义的原始概念和不加证明的原始命题（公理、公设）出发，运用逻辑方法推导出其他定理和命题。

72

③在一个数学体系中，尽可能地选取原始概念，以不加证明的一组公理为出发点，利用纯逻辑推理的方法，把该系统建立成一个演绎系统的方法。

这里所指的基本概念和公理当然必须如实反映数学实体对象的本质和客观关系，而并非人们自由意志的随意创造。

## 二、公理化教学方法的作用和局限性

### （一）公理化教学方法的作用

公理化教学方法具有以下五种作用。

①公理化教学方法具有分析、总结和整理数学知识的作用，公理化结构形式的数学内容由于定理和命题均已按逻辑关系串联起来，故使用起来方便。

②公理化教学方法把数学的基础分析得清清楚楚，这有利于比较数学各分支的实质性异同，并促进和推动新理论的创立，如第五公设、希尔伯特创立的元数学，使抽象代数与数理逻辑相结合，产生出新的边缘学科——模型论、公理集合论。

③在科学方法论上有示范作用。20世纪40年代，波兰数学家巴拿赫完成了理论力学的公理化，牛顿仿效欧几里德思想把从哥白尼到开普勒时期积累的力学知识用公理化教学方法组成一个逻辑体系，使得能够从牛顿三定律（公理）出发，依逻辑方法把力学定律逐条推出。

④现代公理化教学方法与现代数理逻辑相结合，对数学朝着综合化、机械化方向发展起到了推动作用。

⑤有利于培养逻辑思维及演绎推理能力。

### （二）公理化教学方法的局限性

公理化教学方法的局限性体现在以下三个方面。

①所有数学分支都按公理化的三条标准（和谐、独立、完备性）去实现它的公理化是不可能的。有些数学家试图将所有数学分支公理化，然而正当他们着手实现伟大计划时，1931年奥地利数理逻辑学家哥德尔证明了一条形式体系不完全性定理，即包括算术在内的任何一个协调公理系统都是不完备的，公理系统的协调性在本系统内无法证明。

②一般来讲，公理化教学方法只能运用于一个数学分支发展到一定阶段，否则就有可能对数学的发展起束缚作用，若新分支一诞生，就强调其系统性，则会适得其反，如17世纪提出的新课题有待于用数学方法来解决，许多数学家不得不摆脱公理化教学方法中协调性的束缚，提出新方法，如无穷小、非欧几何等。

③人的思维不只有演绎，还有归纳、类比等，一般来说，公理化教学方法是一种总结的"封闭式"方法，而非发现、创造性方法。

# 第二节 类比教学方法

## 一、类比思想方法的界定与作用

古希腊著名学者亚里士多德首先在逻辑理论中提出类比，当时称为"例证"。此后，类比思想在西方不断发展与完善，得到广泛的应用。

### （一）类比思想方法的界定

类比思想方法是数学教学中最重要的方法之一，也是人类认识自然界与人类社会的重要思维工具，为加强对类比思想方法内涵与外延的认识，须首先对类比思想方法进行界定。

1.类比思想方法的概念

众所周知，类比思想方法是数学思想方法的重要组成部分，而所谓的数学思想，则是从具体的数学内容提炼出来的对数学知识的本质认识，它在数学认识活动中被普遍使用，是建立数学理论和解决数学问题的指导思想；同时数学方法则是研究数学问题过程中所采用的途径、手段与方式等。数学方法与数学思想两者紧密相连，共同构成数学思想方法。在实际操作过程中，注重指导思想的称为数学思想，注重操作过程的称为数学方法，在此基础上形成相应的类比思想与类比方法等。

类比一词来自希腊文"analogia"，原意为"比例"。随着时代的变迁演变为类比之意。例如，3与4和9与12是两组不同的数，但它们所对应项的比是一致的，即3：4=9：12，故称之为"类比"。

换而言之，类比是指根据两类（个）事物具有某些相似或相同的属性，其中一类（个）事物已知还具有另一个属性，从而推断出另一类（个）事物也可能具有这一相同属性或相似的属性。可见，类比是用以推理的一种思维方法，故类比法所获得的结论是对两个研究对象进行观察比较、分析联想以致形成猜想后得出的，是一种由特殊到特殊的推理方法，这之间包含了比较、联想、演绎、归纳等因素。如果说归纳是发现问题，演绎是解决问题，那么类比则是分析问题，是理性的思维过程。具体到结论的可靠程度，则主要依赖于两个研究对象的共有属性，一般而言，共有属性越多，其结论的可靠程度就越高。所以，类比思想方法有利于学生拓宽解题思路与获取新知识。

2. 类比的模式与过程

类比是根据一个类比物（对象）的"类比项"（属性）推测另一个类比项的"属性"，故类比的一般模式如下。

若事物甲具有性质 $a$，$b$，$c$，$d$ 和关系 $A$，乙具有性质 $a_1$，$b_1$，$c_1$，则当 $a$，$b$，$c$ 与 $a_1$，$b_1$，$c_1$ 相似时，可考虑乙也具有性质 $d_1$（与 $d$ 具有类似的相似关系），且具有关系 $A$（与 $A_1$ 具有类似的相似关系）的可能性。

类比的结论并不是百分之百的可靠与准确，只具有一定程度的可靠性，因此其类似真推理方法。一般而言，两个对象的已知共同属性越多，由此推出的结论的准确性与可靠性就越高。进行类比的具体过程如下。

首先，依据联想特征，由被研究对象的某些特征联想到具有类似特征的另一对象。在此基础上，依靠某种相似性来搜寻契合的类比物。其次，明确两种物体之间的相似性，即充分了解与把握具体什么方面相似与相似的程度。最后，经过严谨的逻辑论证过程来推理相似结论，即依据上述明确的相似规律对结论进行合理的猜想与假设。

## （二）在教学中运用类比思想方法所起的作用

没有类比，在初等数学或高等数学中也许就不会有发现，其他学科也不会出成果。这直接地透露出类比思想方法在数学以及所有学科中的重要性。确实，在所有逻辑推理的方法中，类比法是最富有创造性的一种数学思想方法，其在教学中对促进学生培养直觉思维能力、探索新知识及增强课堂教学的有效性方面功不可没。

1. 培养学生直觉思维能力

直觉思维是指不经过严密的逻辑分析而径直猜测、迅速判断的一种思维，其是以熟悉的知识为基础，通过越级判断，迅速得出结论的一种思维。其实，类比思想方法并不神秘，其存在于我们的日常生活中，为我们所熟悉与掌握，并不自觉地运用。在数学教学过程中，也存在大量类似或相似的公式、定理、公理与法则等，就看学生是否具有数学敏感性，能否透过扑朔迷离的现象把握事物的本质，解决问题的关键就是看学生是否掌握类比方法与具备类比能力。当学生遇到新问题时，应首先观察其结构，回忆以前是否见过类似的题目；然后思考类似的题目或问题是如何解决的，其结论又是什么；最后将两者进行类比，寻找相似或相同之处，进而找到问题的突破口。上述探索新旧问题有无相似或相同之处，就是直觉性。

直觉性包括解决方法的类比直觉性与问题情境的类比直觉性等，其中类比直觉解决了科学上很多的假说与猜想，为人类的发展做出了杰出贡献。但在具体应用过程中，该类比思维是否成立，主要取决于下一步严密的逻辑思维过程。其实，在数学学习过程中，通过运用类比直觉进行解题的案例比比皆是。例如，求解有解分式的极限等问题，我们凭直觉给出的结论很多都是用类比得到的；解决不等式时，可以借鉴等式的定义与推理过程等。所以，类比思想方法不仅契合课程教学所强调的培养学生合理推理能力，而且有利于培养学生的直觉思维能力。

在现实生活中，当一个人遇到比较生疏的问题时，往往会从已有的知识储备中搜寻相似的问题作为类比的对象，进而寻求启发解决生疏问题的方法与途径。故类比思想方法堪比引路人，其能有效保持新旧知识之间的密切联系，调动学生学习的积极性与培养学生的数学思维能力。

**2. 增强课堂教学的有效性**

世界上各事物之间是相互联系的，这些联系存在可比较性与相似性，因而为客观事物之间的类比奠定了基础。数学就是温故而知新的过程中，在学习中不断加强新旧知识之间的联系与沟通，进而形成严密的知识体系。

第一，学生要善于利用原有的知识结构体系，然后借助类比思想方法，有效地学习与理解新知识。

第二，类比思想方法在培养学生数学应用意识与能力方面也发挥着重大作用。知识来源于实践，同时反作用于实践。教师在教学过程中，应充分利用学生熟悉的环境、生活经验或已有知识，努力培养学生形成善于利用类比思想去观察、思考周围环境的习惯，同时还须注意引导学生将数学知识与其他学科知识进行类比分析，进行知识的类比迁移。该行为有利于培养与增强学生的数学应用意识与应用能力，进而提高解决问题的能力。例如，数学应用题就是现实生活的反映，但往往要将应用题转化为数学模型，这就是类比模型的建立，将文字数字化或模型化。这样有利于加强学生对应用题的理解，使学习变得更加有趣与轻松，不仅能凸显学生的主体地位，还有利于培养学生的数学应用意识。

**3. 有助于学生探索新知识**

使用类比思想方法的基础是充分把握与理解旧知识，类比思想方法起到的是桥梁的作用，但其可以有效突破教学重难点，并使学生体会"再发现"的乐趣，进而在活跃与宽松的学习氛围中获得新的知识。

为了加强对新知识的理解与把握，在讲授新知识之前，教师可以类比旧知识，从已有的知识体系中类比出新知识的相似或类似之处，进而降低教学难度。

从严格意义上来讲，类比法不能算是严密的推理方法，但其已经广泛应用在数学科学研究中，并且能够依据事物之间的类似点或相似点提出猜想与假设，进而把已知事物的性质迁移到类似事物上，因而也算是一种较为科学的发明与发现的方法与工具。不仅数学中很多定理、公式与证明需要通过类比思想方法获得，生物、化学与物理等其他学科也是如此。以物理为例，当光线从一点到另一点并不是直接传播，而是经过一面镜子时产生了反射，现在求最短路径。根据光线传播的相关理论，此题可转化为纯粹的几何题目：已知 $A$，$B$ 两点位于直线 $l$ 的同侧，同时直线 $l$ 上有一动点 $P$，现在求 $AP$ 与 $PB$ 距离的最小值。通过如此类比转化，一道物理题转变为数学中的几何题。

通过类比思想方法，使数学知识摆脱纯粹的数字运算，进而将不同学科融合在一起，使数学知识变得丰富多彩、趣味十足，整个过程充满趣味性。同时还拓宽了数学问题的解决途径，使其应用领域更加广泛，有助于学生探索新知识。

## 二、运用类比教学方法存在的问题

类比教学方法虽然在提高学生学习的有效性、培养数学应用意识及数学思维能力等方面具有重要意义，但由于教师、学生及评价体系等方面存在缺陷与不足，导致类比、迁移与推理等数学思维能力的培养不尽如人意，已经严重阻碍了学生综合能力的培养与提高。在立足教学实践的基础上，结合相关教育理论，发现学生学习主动性不高、教师教学方法欠灵活与评价体系存在不科学之处是目前类比教学方法在教学中出现问题的主要原因。

### （一）学生学习主动性不高

改革开放以来，一方面经济的不断发展，人们生活水平日益提高，对物质文化与精神文化的追求也日益增长，但一方面功利主义思想泛滥，读书无用论大行其道，很多青年在此思想的蛊惑下纷纷辍学打工。整个社会呈现出两个极端化的趋势，一个极端是知识经济论，另一个极端是读书无用论，或知识无用论。在此思想的主导下，很多学生觉得学习无用，认为学习是家长强迫自己接受的一种行为，故学习的主动性与积极性特别低。这主要表现在上课期间无精打采、昏昏欲睡，而下课之后则是精力充沛、活跃异常，满操场嬉戏与打闹；教师上课布置的作业不是只有题目没有解答过程，就是很多答案神似，且与标准答案一模一样，对作业完全是敷衍塞责；考试期间不是交头接耳、互通有无，就是呼呼大睡。总之，完全不把学习当回事，甚至迟到、早退与逃课成为一小撮学生的家常便饭。这样的学习态度与行为，自然无法集中精力与心思来学习"枯燥"的知识，成绩不可避免地不理想，进一步导致学习劲头不足。

随着科技的进步，特别是智能手机走进千家万户，教育教学涌现出一只新的拦路虎——手机。很多学校要求教师上课要收集手机，下课返还，并绞尽脑汁与学生斗智斗勇，但依然有部分学生不管学校与老师的要求，还是上课玩手机。为什么学校与学生在手机问题上斗智斗勇，根源在于手机已经严重干扰了正常的教学秩序与活动。这主要表现在，学生抵御不住手机的诱惑，经常熬夜看小说、聊天或玩游戏。夜晚休息时间不足，必然导致白天精力不足，进而影响学生成绩，降低学习的信心与主动性；上课玩手机，影响听课效果；考试期间，利用手机作弊，严重干扰考试的公平性，甚至引起其他学生效仿，教学秩序遭到严重破坏。由于作弊可以取得好的成绩，努力学习很苦，所以有些学生不再把精力与时间花费在学习上。

总之，在读书无用论与智能手机等因素的作用下，一部分学生的时间与精力不再放在学习上，学习成绩必然一落千丈或毫无起色，如此学习的信心遭到打击，学习的积极性与主动性也就大打折扣，或无从谈起。

### （二）教师教学方法欠灵活

教学改革以来，教师在教学中的角色发生了重大变化，由曾经的主体地位，转变为主导地位，一字之差，却反映了教育理念与教育方式翻天覆地的变化。由曾经的非素质教育转变为素质教育；由曾经的"灌输式"与"一言堂"转变为现在的"探究式""合作式"；由曾经的"死记硬背"转变为"灵活应用、学以致用"。

大部分教师虚心接受教改理念，采纳新的教学方式开展教学，但依然有部分一时难以转变的教师采取"填鸭式"的教学方法，一堂课45分钟自始至终都是其"独角戏"。教师在讲台上激情四射，学生却无精打采，甚至部分学生假寐或睡觉。课后，咨询相关学生，他们表示，并非自己不想学，而是该教师的教学方式实在难以提起他们学习的兴趣。检查他们的作业与试卷，要么不做或白卷、要么错误百出，学习效果实在不尽如人意。

教学方式与方法的灵活多样，不仅可以有效调动学生学习的积极性与主动性，而且有利于知识点讲透。其中类比法就是学习教学的重要方法之一，但部分教师摒弃科学有效的教学方法，如类比法、迁移法等，一味推崇非素质教育的方式与方法，单调枯燥的学习氛围与环境自然无法提起学生学习的兴趣。

### （三）评价体系不科学

课程评价是学校教育教学活动的基本环节，在一定程度上反映了学校的社会地位与知名度，同时也体现了学生的综合素养。但我国课程评价一直深受应试教育与传统智能理论的影响，特别是一考定终身的评价标准，使得评价系统出现大量问题，导致学生抽象思维能力、逻辑辩证能力等应用能力偏低，而陷入机械死记硬背的泥沼。其具体表现为，重视定量分析而忽视定质评价，即过于注重学生的分数，轻视培养学生的综合素质；忽视对评价结果的反馈与认同，很少关心学生考试反馈出来的问题，如数学应用意识薄弱、无法有效类比迁移等；缺乏有效的评价工具和方法，过于注重定量方法，而忽视定性评价手段，突出表现为书面纸笔测验仍然是评价学生最主要，甚至是唯一的评价方法等。

这样的评价体系，自然导致教学过程一切以获取分数为最高宗旨，学生的逻辑思维能力、动手创新能力等被忽视，进而无法有效解决类比、迁移等重在考查学生应用意识的题目。

目前，中国教育改革逐步推进，那种只知其然，不知其所以然的学生将跟不上时代的步伐。类比思想是数学思想的核心内容之一，其对学生数学思维能力与创新能力的培养具有重大作用，是学生适应时代需要的重要工具。但目前数学教学在培养学生数学思想方面的教育并不到位，学生缺乏数学思想意识，像类比思想、迁移思想等数学思想缺乏有效的教学。教师的职责在于传道授业解惑，欲让学生接受、理解与把握类比等数学思想，应从学生、教师与评价体系这三个角度来培养学生的类比思想，提高学生的数学思维能力。首先，要让学生主动改变自身的学习方式，在思想上重视，有意识地运用，养成良好的学习习惯并把学到的知识应用于实践；其次，教师要正确把握类比教学方法教学的时机，并改变传统的教学模式，积极开展类比教学；最后，目前的评价体系也应有所改变，应从甄别性的评价发展为发展性的评价。只有具备上述条件，各种数学思想方法才能潜移默化地在学生的头脑中形成。

学以致用，学习的最终目的是为现实服务。这需要数学教师在讲课时，将数学思想与实际生活相联系，分析其来源与用途，让学生感觉到数学思想就在我们身边，数学因而成为一门看得见、摸得着与用得上的科学。这样不仅可以激发学生学习的兴趣，而且有利于培养学生发现问题、分析问题与解决问题的能力，最终推动学生数学应用意识的形成，使学生更好地把握数学的本质。

# 第三节　归纳法与数学归纳法

## 一、归纳法

### （一）归纳法的态度

在个人生活中，往往会有意无意地坚持某些错觉，换句话说，我们不愿去探究已有概念，弄个水落石出，因为怕它一旦被否定而引起感情冲动。在科学中，不需要无理智的"成见"，需要的是实事求是，即归纳法的态度，以使得我们的概念尽可能地符合实际，符合我们的经验。这种态度，要求对业已确立的东西予以尊重；要求既准备对事实加以概括而引向一般的结论，又准备从一般结论回到具体的事实；要求对千奇百怪的事物说出"可以"或"可能"等；特别是如下三点。

①准备重新审查我们的任何结论。

②有充分理由说明应当改变，就毅然改变。

③没有充分根据，则不随意改变，而应当坚持。

这看似平常的原则，实际遵守起来却并不简单。

第一条需要勇气。要审查司空见惯的概念和结论，需要勇敢；向自己同时代人和权威挑战的伽利略，是勇敢者的伟大榜样，向传统几何思想挑战的罗巴切夫斯基，也是勇敢的人。反之，早已发现了非欧几何的数学家高斯，在这个问题上表现得优柔寡断，成为数学史上的憾事。

第二条要求正直。固执地坚持自己已被驳倒的猜想、"理论"（就因为它是我的），或一味地维护被事实推翻的传统观念、规矩等，是很不正直的。数学史上有许多数学大家，公开承认自己的某些失误，不仅没有失去"面子"，他们的高尚情操反而成为后人的楷模。数学家希尔伯特对待哥德尔的态度，就是一个范例。哥德尔证明的"不完全定理"表明，任何形式系统中都存在着自己不能证明的命题，从而否定了希尔伯特将数学全面形式化的设想，希尔伯特不仅不责怪哥德尔，而且非常尊重他，并冷静地从中悟出了数学系统形式化的条件。

第三条要求冷静。未认真研究和思索，未找到充分确实的论据，就匆忙改变自己的结论、观点（比如，为了赶时髦或屈从于某种压力）是愚蠢的。对我们现有的知识，应采取冷静的态度，因为我们既无必要，也无可能重审我们所有的知识。只要随时留意有关信息和有价值的质疑，知识就会不断得到合理的校正。

### （二）归纳法的作用

在学习中，在数学解题和数学研究中，概念不会一蹴而就，一下子完整地形成。

例如，一个人的"数"的概念，就不是一下子形成的，一两岁的儿童，可能知道1和多，或1个到5个，学龄前儿童认识20以内的自然数，小学生逐渐认识"所有的"自然数、0、小数和分数，初中生头脑中的数，大体是有理数和某些无理数。高中生学了复数，但往往并不承认虚数也有资格成为数。到大学数学系里，对数的认识更为深刻，但基本上还在复数范围，只有在数学家的头脑中，才有更为广泛的数的概念。一个司空见惯的概念，在人的头脑中却如此迂回曲折地发展，这确实是一个典型的归纳发展的过程。再看"函数"概念的形成和发展。

函数是现代数学一个极为重要的概念，在中小学数学中占有很突出的地位，但它也不是一下子就建立起来的。小学开始渗透，初中建立初步概念，经过整个中学阶段，才形成大体上完整、科学的函数概念，使这个在数学中经历了数百年才完成的过程，对于一个现代人来说，得以在十几年内大体完成。

起初，当人们在数学中只是研究那些固定的量时，却在现实中看到了各种变化的量：水位在变、气温在变、运动物体的位置在变等，因此，逐渐有了"变化的量"的概念和研究它的需要。

继之，人们看到当一个量变化时，往往会影响（或伴随）另一个量的变化。比如，物体运动时，时间的变化伴随位置的变化，速度的变化引起距离的变化等，常要用公式来表示：

$$S=vt（匀速运动公式）和 S=1/2at^2+vt+S_0（匀加速运动公式）$$

为了描述变量之间的这种（由公式建立的）相关性，人们引进了函数概念：在一个变化过程中，有两个变量 $x$，$y$，当 $x$ 变化时，也引起 $y$ 按一定法则（一般由一个公式给出）的变化，那么 $y$ 就叫作 $x$ 的函数。

这个最初的函数概念，紧紧地与"变化"和"一个表达式"连在一起，但是，后来又发现了一些应该叫作函数的对象，却不符合这个定义的要求，如 $[x]$ 表示数 $x$ 的整数部分（即不超过 $x$ 的最大整数），如 $[2.5]=2$，$[\pi]=3$，$[-2]=-2$，$[-0.1]=-1$，则 $y=[x]$ 应是一个函数。

于是，函数的定义成为：在一个变化过程中，有两个变量 $x$ 和 $y$，对于 $x$ 在一定范围内的每个值，$y$ 都有唯一确定的值和它对应，则 $y$ 叫作 $x$ 的函数，记为 $y=f(x)$。

这已经是比较严格的定义了，进一步严格是抽去"变化过程"等，用集合与映射来描述，但本质已没有什么不同。

此定义来之不易，它的形成过程是：首先，从实践中观察到变量和相关的变量，为了确切地描述这一事实，也为了定量地描述许多自然规律，引进了函数概念，也就是归纳式地引进概念。其次，由于发现新的对象应当算作函数，却被定义拒之门外；为了吸收这些对象，修改定义，去掉非本质的限制条件，即归纳式地发展概念，从而使概念变得更加完整和成熟。

总之，数概念、角概念、距离概念、三角函数概念、式的概念等，由发生、发展到完成，无不是逐渐归并和纳入新事实的结果。

一个概念总是伴随着两个集合：一是本质属性的集合 $B$（称为内涵），一是概念所指对象的集合 $D$（称为外延）。一个概念是适当的，就是 $B$ 和 $D$ 相称或相平衡。概念的发展大多是由于观察事实（归结的结果）引起 $D$ 的变化（失去 $B$ 和 $D$ 的平衡），从而推动对 $B$ 的调整，在新的基础上达到新的平衡。

## 二、数学归纳法

### （一）数学归纳法的应用需求

数学归纳法是推理归纳法的一种衍生形式。从理论概念角度分析，推理归纳法的教育实践主要分为设置基本前提、逻辑分析及结论总结三项内容。将推理归纳法应用于高校数学教学，需要将推理归纳法拆分为归类比较、信息分析、内容概括、结论汇总四个方面内容。不同于传统意义的归纳总结课程教学，推理归纳法更多是基于对逻辑要素的拓展，实现对更多对比参照物的运用，使结论分析能基于既定逻辑，更好地进行科学、准确的信息归纳。

数学归纳法则是在逻辑推理之外，将结构推理的概念引入课程教学体系，即对构成某一数学公式及数学结构的基本要素进行提炼，通过明确数学课程教学重点，逐一按照各个阶段教学需求，将所提炼的核心要素嵌入各项教育细节，使学生能在基本学习框架的引导下，按照既定逻辑开展知识结构的填充。数学归纳法基于环环相扣的数学等式排列，实现对各个环节中数学结论的推理与印证。与推理归纳法不同的是，数学归纳法的逻辑结构更为紧凑，任意环节的数据误差或印证关系的改变都会造成归纳总结结论的变更。因此，保证各个环节公式、数值推导的正确性，是数学归纳法应用于高校数学教学的重中之重。从解题思路来看，数学归纳法应用于教育实践，需要优先明确教学内容，并按照倒推归纳法、螺旋式归纳法等归纳方式，逐级递进地进行计算推演，并且基于计算推演内容的合理性分析，对数学归纳各项细节进行归纳总结。这一策略的运用能在帮助学生明确解题思路的同时，提高学生解题的熟练度。因此，数学归纳法应用于教学实践能在一定程度上提升课程教学的严谨性，使学生能更好地掌握其内在逻辑，从而提高课程学习质量。

## （二）数学归纳法的教学反思

在教学过程中，教师要重新将数学归纳法原理为学生进行详细讲解，虽然学生以前学过数学归纳法，但如果学生没有理解数学归纳法的本质，就容易在应用中出现一些错误。

数学运算素养在解决数学问题的过程中起着非常重要的作用。对较为复杂的证明题，学生只知道算理，而不知具体的算法是难以解决问题的。例如，运用数学归纳法证明不等式，多数学生难以从 $p（k）$ 为真推导出 $p（k+1）$ 为真。原因是在证明不等式上不仅需要有递推的思想，还需要运用放缩法才能将具体的题目解决，而如何把握好放缩的度是一个难点。在数学归纳法的教学实践中，帮助学生理解算理，掌握运算方法非常重要，从而避免做题时产生运算错误。

在教学过程中，要让学生从"做中学"，深层次地理解算理，掌握运算法则、运算方法，逐渐积累数学运算经验，提高数学运算素养。

## （三）数学归纳法在高校数学教学中的应用策略

在高校数学教学中运用数学归纳法，能有效解决部分高校数学的学习难题。为更好地发挥数学归纳法的教学优势，教师需要从分析不同数学归纳法应用技巧、优化现阶段课程教学模式两个方向做好对数学归纳法的教学分析，以便更好地通过对课程结构和数学归纳法运用技巧的调整，提升数学归纳法在高校数学教学方面运用的有效性。

### 1.推进多元化课程学习实践

推进多元化学习实践是指在高校数学教学对数学归纳法的运用方面，能打破常规的课程教学逻辑，采用多种不同方式开展课程教学实践，强化学生数学课程学习的趣味性。运用这一逻辑进行课程教学，能帮助学生跳出原有的学习概念，使学生能运用数学归纳法采用多种形式分析数学题目。例如，将跳跃归纳法应用于高数数学的课程教学实践，能培养学生跳跃性的学习思维，提高学生课程学习能力，增强学习有效性，从而提高课程教学质量。

2. 打造以能力和兴趣为导向的学习课堂

数学课程学习难度相对较高，且具有一定的学习门槛。针对数学归纳法在数学课程教学方面的运用，不仅要将螺旋式归纳法、倒推归纳法及跳跃归纳法等归纳法进行教学分析，还要激发学生学习兴趣、提高学习水平，使学生具备运用数学归纳法开展学习实践的能力。若单方面强调突出数学归纳法的技巧性内容，不仅不利于提高学生的解题能力，而且容易使学生对数学归纳法的运用产生阶段性遗忘。因此，根据数学归纳法的教学应用需求，打造以能力和兴趣为导向的学习课堂，是推进课程教学高水平开展的核心关键。打造以能力与兴趣为导向的学习课堂，可以营造良好的数学归纳法教学实践氛围，使学生能在良好的教学环境浸染下学习运用数学归纳法，激发对高校数学课程的学习应用兴趣，为后续专业阶段的学习实践奠定坚实的基础。

# 第四节　数学构造教学方法

## 一、数学构造教学方法的含义

在解决某些数学问题时，根据题设条件和结论的特征、性质，从新的角度、用新的观点观察、分析、解释对象，抓住反映问题条件与结论之间的内在联系，用已知条件中的元素为"元件"，用已知数学关系式为"支架"，在思维中构造出一种相关的数学对象，使问题在新构造的数学对象中清晰地展现出来，从而借助新的数学对象使原问题得到解决，这种分析和解决问题的思想称为构造思想，用构造思想发现数学理论和解决数学问题的方法称为构造方法，构造思想是构造方法的灵魂，构造方法是用构造思想指导解决问题的具体手段。

用构造教学方法构造出来的数学对象形式多样，可以是结论、算法、反例、函数、图形、数与式、方程等，这些数学对象有时可以直接解决问题，如构造结论；有时为解决问题提供了一个直观明了的思路，如构造图形等，用构造教学解决数学问题有时体现在解决问题的全过程中、有时体现在解决问题的某个关键环节或重要步骤上。

## 二、数学构造教学方法的特征

数学构造教学方法作为一种数学思想方法，不同于一般的逻辑方法，但也有其显著特征，主要表现在以下四个方面。

①构造性。即通过构造新的数学对象使原问题得以转化，从而解决问题。

②直观性。对所研究的数学对象有较为直观具体的反映。

③灵活性。用它解决数学问题简洁、明快、巧妙，常常突破常规，另辟蹊径，具有很强的灵活性。

④思维的多样性。用构造方法解题常要用到分析、综合、观察、比较、联想、想象等多种数学思维形式。

## 三、数学构造教学方法在数学教学中的作用

### （一）在概念教学中的作用

在数学教学中，概念教学起着非常重要的作用，它既是学习数学知识的基础，又是培养数学能力的前提。在概念教学过程中，适当运用构造教学会加深对数学概念的理解和掌握。

在数学的抽象理论中，许多数学概念都不再是现实事物的直接抽象，而是数学逻辑推导的一种结果，要能充分理解并承认其客观存在性，必须要求思维能够把它们转化为具体的再现，通过构造为其找到某种直观解释或表现模型。在数学发展史上有很多这样的例子，例如，负数、无理数、虚数，最初不能为人们所接受和理解，是因为人们认识不到它们的现实存在意义，后来通过构造找到了它们的几何表示，如在直线上取定某定点 $O$ 表示 0，以 $O$ 点右侧的点表示正数，那么 $O$ 点左侧的点就表示负数；可以用单位正方形的对角线长度来表示无理数；复数 $a+bi$ 可以用坐标平面上坐标为 $(a, b)$ 的点来表示，从而使其具象化。在教学过程中，如果教师能够给出概念的构造过程，则学生自然会加深对概念的理解。同时在概念学习的过程中，可以运用构造教学方法构造出概念的各种变式，通过对变式进行比较，舍弃非本质特征并抽象出本质特征，从而加速概念的形成。还可以通过构造反例，排除无关特征的干扰，加深对概念的精确理解。

### （二）在学生形成良好数学认知结构中的作用

从认知的角度来说，数学教学和学习的中心任务就是要培养学生形成良好的数学认知结构。所谓数学认知结构，就是学生头脑里的数学知识按照自己理解的

深度、广度，结合自己的感觉、知觉、记忆、思维、联想等认知特点，组合而成的一个具有内部规律的整体系统。根据美国认知教育心理学家奥苏贝尔的观点，良好的数学认知结构具有三个特征：第一，可利用性，即当学生面对新的学习时，他的认知结构中具有适当的、能够起固定作用的观念可以利用；第二，可辨别性，当已有的认知结构同化新知识时，新旧观念的异同点可以清晰地辨别；第三，稳定性，已有的起固定作用的观念在认知结构中是牢固稳定的。良好的数学认知结构有三条标准。

①能够快速吸收新知识。

②能够灵活运用知识。

③能够产生、创造新知识。

学生认知结构的发展是在其认识新知识的过程中，伴随着同化和顺应，在新水平上对原认知结构进行延伸、改组，从而形成新的系统，学生只有通过自己积极的认知活动来激活大脑中原有的认知结构，使具有逻辑意义的新知识与认知结构中的有关旧知识发生相互作用（同化与顺应），才能在内化中建构。用数学构造教学方法解决问题正是学生主动建构知识的过程，在这个过程中，学生通过对数学问题的分析，进行观察、分析、综合、类比等一系列思维活动，对自己已有的知识经验进行调整、整合或者重组，从而构造出新的数学对象，这样新旧知识经验发生冲突，从而引发认知结构的重组，构成新的认知结构。事实上，形成新的数学认知结构的同化过程或是顺应过程都是已有数学认知结构与新数学知识之间进行相互作用，并实现从旧的平衡向新的平衡转化的过程，而转化是数学思想方法的核心和精髓，且转化的过程其实就是构造的过程，通过构造揭示知识间的内在联系，培养思维的灵活性和创造性，从而促进良好数学认知结构的形成。

## （三）在数学解题中的作用

构造教学方法的核心是根据题设条件、结论特征恰当构造一种新的数学对象。它在许多问题的解决过程中显示出令人瞩目的特殊作用，往往能化繁为简，化难为易，独辟蹊径，收到简洁明快、出奇制胜的效果，已成为解决数学问题的一般思想方法。其在数学解题中的作用主要表现在以下四个方面。

### 1.优化解题途径

有些数学问题虽不用构造法也可以解，但求解过程烦琐。若用构造法往往可简化复杂的运算和讨论，使问题简洁获解。

2. 显露隐含条件

运用构造教学分析题目的结构特征或数量关系，有助于挖掘隐含在题目中的条件，从而使问题化隐为显，促成问题的快速解决。

3. 沟通条件和结论的关系

许多问题利用已知条件难于直接求解，需要按一定目标构造某种数学对象（如：数、式、方程、函数、复数等）作为桥梁，沟通条件与结论之间的逻辑联系才能求得结论。

4. 促进数学相关知识的转化

解综合题时，经常用到构造图形解代数类问题、构造方程解几何类问题、构造函数进行问题的求解等方法，这些都能促进数学相关知识的相互转化。

# 第五节　化归教学方法

## 一、化归思想方法

化归指问题之间的互相转化，即要解决问题 A 可将它转化为解决问题 B，再利用问题 B 的解答完成对问题 A 的解答，通俗地说，就是将未解决或待解决的问题转化为已解决或易解决的问题的一种方法或原则；或者有的书上把有既定方法和程序解决的问题称为规范问题，化归思想方法则是通过数学内部的联系和矛盾运动，把待解决的问题转化为规范问题，即实际问题的规范化。规范问题经过人们长期的实践，积累了丰富的经验，形成了固定的方法和约定俗成的步骤，规范问题具有确定性、相对性和发展性，化归思想方法的基本模式如图 4-1 所示。

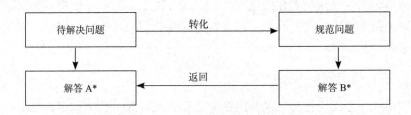

图 4-1　化归思想方法的基本模式

由此可以看出，化归的三个基本要素是化归的对象、化归的目标及化归的方法。其中，化归的对象是指待解决的问题中需要变更的成分，即对什么东西进行化归；化归的目标是指所要达到的规范问题，即化归到何处去；化归的方法是指规范化的手段、措施和技术，即怎样化归。这里的问题 B 不仅仅指一个已解决的问题，还可能包括一系列待解决问题，从问题 B 到问题 B 的解答可能要经过若干个问题的解决过程，如图 4-2 所示。

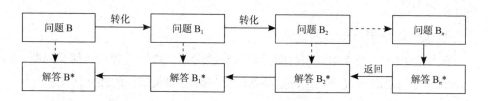

图 4-2　化归思想方法问题的解决过程

## 二、化归的基本原则

化归也就是把复杂问题化为简单问题，把陌生问题化为熟悉的问题，将一个问题转化为另一个问题，将问题的一种形式转化为另一种形式，可见，化归的基本原则是熟悉化原则、简单化原则、和谐统一原则、具体化原则、标准化原则。

### （一）熟悉化原则

熟悉化是指把陌生的问题朝着我们比较熟悉的方向进行转化，即通过观察、比较、记忆等思维充分调动已有的知识和经验，使问题得以解决。

### （二）简单化原则

解决数学问题时，应尽量力求简单，这里的简单不仅指问题的结构形式在表示上简单，而且还指问题在处理方式、处理方法上的简单。如将高维空间的待解决问题化归成低维空间的问题、高次数的问题化归成低次数的问题、多元问题化归为少元问题。

### （三）和谐统一原则

和谐统一是指应使待解决的问题朝着在表现形式上趋于和谐，在量、形、关系方面趋于统一的方向进行，使问题的条件与结论表现得更匀称和恰当。

### （四）具体化原则

具体化是指化归的方向一般应由抽象到具体，即分析问题和解决问题时，应着力将问题向较具体的问题转化，如尽可能地将抽象的式用具体的形来表示；将抽象的语言描述用具体的式或形来表示。

### （五）标准化原则

标准化是指将待解决问题在形式上向该类问题的标准形式化归，标准形式是指已经建立起来的数学模式，如二阶线性常线性微分方程的通解公式是对标准形式的二阶线性微分方程而言的，只有化归成标准形式才能使用有关结论。球、椭球、圆锥面、抛物面、双曲面等二次曲面都是针对标准形式方程进行讨论的。

## 三、使用化归教学方法的基本策略

解决问题时，化归是主要思想，那么如何化归呢？只有掌握基本的化归策略才有助于我们采取具体的行动措施。

### （一）通过语义转化实现化归

形式化是数学的显著特点，数学概念、命题或数学语义一般都有一个确定的数学符号来表示。但是数学符号表示与数学的语义解释不是"一一对应"的，一种数学符号可能有多种数学语义解释。如，对于数学符号式子 $\sqrt{a^2+b^2}$，有多种语义解释：$a^2+b^2$ 的算术平方根；在直角坐标平面内，点 $(a,b)$ 到原点的距离；复数域中，表示复数 $a+bi$ 的模；如果 $a$、$b$ 为正数，$\sqrt{a^2+b^2}$ 表示以 $a$、$b$ 为直角边的直角三角形的斜边等。再如：关系式 $|f(x)|=g(x)$，从方程观点来看，$|f(x)|-g(x)=0$ 是关于 $x$ 的方程；从基本函数的观点来看，函数 $Q(x)=|f(x)|-g(x)$ 表示与 $x$ 轴的交点的横坐标；从函数的图像来看，它表示 $y=|f(x)|$ 与 $y=g(x)$ 的图像的交点的横坐标。一般而言，一个数学符号式子的语义往往以最初意义或常用意义为主，而忽视其他的语义意义。因此，在解决问题时，要善于根据条件应用不同的意义解释，对同一形式表示式的语义要不断丰富，培养发散思维，这样才有助于解决问题。

### （二）通过一般化或特殊化策略实现化归

从特殊到一般，再由一般到特殊是认识事物的普遍规律。特殊化指在求解问题时考虑其特殊情况（特殊图形、特殊位置、特殊关系等），由此获得对一般问题解决思路方法的启示。相对于一般问题而言，特殊问题的解决往往比较容易、简单，因此常用特殊到一般的化归，而对于一般到特殊往往不够重视，根据问题的结构表征，通过对其一般形式的研究往往能使问题更为简明。

### （三）通过变换实现化归

研究和解决数学问题时通过数学变换实现化归也就是对要解决的问题进行变换，使之转化为容易解决的问题或者已经解决的问题，常见的类型有以下三种。

1. 分解组合法

分解组合法，即把所考虑的每一个问题按照可能和需要分成若干部分（或较简单的问题）组合，即把所给问题和与之有关的其他问题作综合考察，以便在更广阔的背景下寻求化归。如学习定积分概念时，先"化整为零"，再"积零为整"的求解思路就是分解组合法的集中体现。再如，研究函数的性质时可分为定义域、值域、单调性、奇偶性、周期性等加以讨论，再组合得到其性质，也体现了分解组合法的思想。

2. 恒等变换

恒等变换，是将复杂的问题通过表达形式的变形转化成容易解决的问题。

3. 参数变换

参数变换指解决问题时引入新的变量，然后将证明或求解的关系式用参数表示，最后消去参数，使问题得到解决。

17 世纪，法国哲学家兼数学家笛卡尔最早把化归方法串联成科学思维中的万能方法，即任何问题化归为数学问题任何数学问题化归为代数问题、任何代数问题化归为方程式的求解方法。由于解方程的问题被认为是已经能够解决或较易解决的，因此在笛卡尔看来，可用上述万能方法解决各种类型的问题，显然，这一过分简单化的结论是不正确的，因为任何方法均具有一定的局限性，万能的方法是不存在的。但笛卡尔提出的上述思维模式可视为化归原则的具体运用，而且对后来数学思想方法的发展也起到了促进作用。

现在的大学生在学习和钻研不同层次的数学知识的过程中，总是在不同水平上学习并运用各种难易不等的化归方法。另外，国际数学奥林匹克竞赛中出现的许多难题，如果不使用巧妙的化归方法是不易解决的；而竞赛中的优胜者往往是熟练应用化归方法的能手。总之，化归的核心内容是简化和转化问题，最后达到解决问题的目的。

# 第六节  数学建模教学方法

## 一、数学建模的含义

数学建模是一种数学模型，可以解释和验证所得到的解，对实际问题进行简化，明确变量和参数，并通过某些特定的规律建立起变量和参数间的数学问题。可见，数学建模是一个多元化的长周期发展过程。在数学学习中，数学建模是一个创造性的过程。建模活动的前提是在学生与建模过程的各个要素之间建立联系，学生将建模、数据测量与自己的数学知识和经验联系起来，决定自己的建模结构。

人们学习知识的本质是为了解决工作、生活中的实际问题，数学建模是一个非常好的工具，它首先将工作、生活中的实际问题进行抽象、简化，然后利用数学知识、数学语言将实际问题"翻译"成数学表达式，即建立了数学模型，然后再利用数学知识以及应用一些数学软件对所建立的数学模型进行求解，解决后用通俗的语言对所求得的结果进行总结，并在实践中对所得的结论进行检验，如果合理即证明所建立的数学模型是正确的，如果与实际偏差较大，则说明对模型的简化不合理，要对模型进行修改，直到建立模型所得的结论能够通过实践检验为止。

## 二、数学建模教学策略

### （一）加深对数学概念的理解

学生要深刻理解数学概念均是从实际问题中产生的，而社会生产是其形成的核心，数学概念服务于社会生产。在数学建模教学中，必须重视学生对数学概念的深层次认识和理解。例如，交流电路中物理量和电流强度的线速度，体现了函数对于自变量瞬时变化率的导数概念，解决了实际问题中的相关变化率问题，是利用微分方程建立数学模型的基础，通过引入实际问题，可以使学生更好地理解相关概念。

### （二）引入实际问题

数学应用题能培养学生从现实问题出发，将实际问题转化为数学问题的能力，

91

通过抽象的、简化的数学语言表达问题的本质。可以引入应用数学中的三个实际问题。

①"列"反映了非常原始的数学建模思想,通过对排列组合实际问题的练习,拓展学生思维,解决实际问题。

②在教学过程中,要引导学生理解积分的概念,运用微元法解决实际问题,微元法是利用积分解决实际问题的关键。

③微分方程建模是数学建模的重要方法,根据数学、物理学、生物学等理论确定变量并分析变量之间的关系,将各种实际问题转化为微分方程的定解问题。

### (三)开展案例研究

在实际问题中,通过对变量和参数的抽象、简化和假设,建立数学模型,提升学生分析和解决数学问题的能力,有效解决实际问题。在教学过程中,教师要善于运用相关数学建模理论联系实际生活问题,增强学生的判断能力,提高学生对实际问题的分析和解决能力。通过对具体案例的分析和探讨,加深学生对知识的理解和记忆。

### (四)理论与实践教学相结合

数学模型侧重于实际应用,因此应采取理论与实践相结合的教学方式。应丰富学生的课外实践活动,鼓励学生积极参加数学建模竞赛,增加实践经验,通过数学建模分析、研究和解决生活中的实际问题,使学生能够更加真实地感受和理解数学是服务于生活的,数学知识只有在实践中才能不断发展。对数学建模方法的学习不能仅局限于理论,还应加强其在实际生活中的运用,增强学生的创造性思维和逻辑思维,掌握正确的学习方法,提高分析问题和解决问题的能力。教师作为知识的传授者,应根据每个学生的自身特点,制订不同的教学内容与教学方法,及时调整和完善教学策略,提升课堂教学的有效性。

### (五)提高学生学习兴趣

数学建模教学可以帮助学生更好地理解数学建模的基本知识,加深对数学建模的理解,引导学生将数学知识应用于社会实践中,养成通过数学建模解决实际问题的习惯。通过创新教学方式、优化教学内容、解决实际问题,能够提高学生学习数学的积极性,增强数学的吸引力,提高教学质量。通过运用相关数学知识,解决生活中遇到的问题,使学生更加直观地理解数学知识的作用和价值,提升学生学习数学的成就感和自信心。

# 第五章　高校数学教学模式的实践运用

本章为高校数学教学模式的实践运用，主要介绍了六个方面的内容，分别是高校数学教学模式的建构、任务驱动教学模式的实践运用、分层次教学模式的实践运用、互动教学模式的实践运用、翻转课堂教学模式的实践运用、线上线下混合式教学模式的实践运用。

## 第一节　高校数学教学模式的建构

### 一、数学教学模式

在实际的教学工作中，数学教师们创造了多种多样的数学教学方法。为了交流传播的需要，将这些数学教学方法大体分类并从理论上提升到一个更高层次，就形成了所谓的数学教学模式。俗话说"教无定法"。研究了解数学教学模式，不是为了"套用模式"，而是为了"运用模式"，教学中应根据已有的教学条件对教学模式做出恰当的选择并加以变通与组合，提高教学效率。

20 世纪 90 年代，我国开始出现对数学教学模式的研究，研究数学教学模式是数学教学相对成熟的表现。在龙敏信先生主编的《数学课堂教学方法研究》中曾汇集了以下 24 种教学方法："①尝试指导，效果回授法。②自学辅导式教学法。③读读、议议、练练、讲讲八字教学法。④三环节二次强化自学辅导教学法。⑤指导、自学、精讲、实践教学法。⑥三教四给教学法。⑦四段式教学法。⑧自学、议论、精讲、演练、总结教学法。⑨自学、议论、引导教学法。⑩启发式问题教学法。⑪引导探索式教学法。⑫研究式教学法。⑬纲要信号教学法。⑭格式化教学法。⑮层次教学法。⑯低起点、多层次教学法。⑰程序教学法。⑱合作学习教学法。⑲辐射范例教学法。

⑳单元教学法。㉑数学解题教学法。㉒目标递进教学法。㉓目标教学法。㉔发现式教学法。"①

但是，稍加分析就能发现，上述的教学方法有不少是大同小异的，为了确定和鉴别本质上有一定区别的数学教学方法，将其化为教学常规，就需要对各种数学教学方法进行理论概括和归整，于是形成了对数学教学模式的研究。近年来，我国广大数学教育工作者在教学实践中对教学模式进行了大量的探索和研究，呈现出以下研究趋势。

①教学模式的理论基础得到加强。不同教学方法产生的基本学习认识论是什么，这个基本理论导向推动了数学教学模式的深入研究，现代教育心理学的研究成果对数学哲学观、数学方法论的研究，尤其是对建构主义认识论的研究，使数学教学模式得到了很大发展。这在学生阶段比较明显，现代心理学研究正在逐步渗透到"高级数学思维"过程中。

②数学教学模式由"以教师为中心"逐步转向更多的"学生参与"。如自学辅导式教学法等就是这种转变的体现。以人的发展为本的教育思想特别是建构主义学习理论的影响，使得教师与学生在教学中的关系发生了许多变化。如何使学生真正参与学习是这一教学模式研究的根本问题。

③教学模式由单一化走向多样化和综合化。任何一种教学模式的形成都是其合理因素的积淀，都有其自身的优势，但却不能占据所有的数学教学活动。"在我们所研究过的教学模式中，没有一种教学模式在所有的教学模式中都优于其他，或者是达到特定教育目标的唯一途径"②。所以，在数学教学中提倡多种数学教学模式的互补融合，而这同时也是完善数学课程的知识与技能、过程与方法、情感态度与价值观目标体系的需要。

④现代教育技术成为改变传统教学模式的一个突破口。在现代教育技术下，不仅教学信息的呈现多媒体化，学生对网络信息择录的个性化得到加强，而且学生面对丰富友好的人机交互界面，其主体性也能得到充分发挥。

⑤经"创新教育"的倡导，研究性学习列入课程之中，探究和发现的数学教学模式将会有很大的发展。

## 二、基本数学教学模式

教学实践是数学教学模式理论生成的起点。数学教学模式作为教学模式在学

---

① 龙敏信.数学课堂教学方法研究［M］.昆明：云南民族出版社，1994.
② 韩朝泉，邱炳亮，聂雪莲.数学教学与模式创新［M］.北京：九州出版社，2017.

科教学中的具体存在形式，是在一定的数学教育思想指导下，以实践为基础形成的。数学教学模式受社会文化的影响，表现出一定的倾向性。数学教学模式通常是将一些优秀数学教师的教学方法加以概括、规范，上升为理论，并在实践中成熟完善，转化为一种教学常规。

本书依照主导性教学特征的大致历史发生的顺序将教学模式分为四种形式。

## （一）讲授式教学模式

这种教学模式的基本特征是师生关系与"讲解—接受"相对应，所体现的教学方法通常表现为教师对教材内容做系统、重点的讲述与分析，学生集中倾听。这种教学法主动权在教师，是教师运用智慧，通过语言和非语言，动用情感、意志、性格和气质等个性心理品质向学生传授数学知识的一种历史悠久的方法，一直是我国数学教学的主要方法。讲授的成效极大地依赖于讲授水平，高水平的讲授突出表现在三个方面：一是充实概念内涵，扩大外延，使概念具体化、明晰化；二是充分考虑学生的思维水平，运用恰当的举例、比喻，借助学生已有的知识、经验，深入浅出地阐述问题；三是讲授思维方法，通过提出问题、分析问题、解决问题，挖掘数学知识的思想方法。

讲授式教学模式的教学过程基本如下：讲授式教学模式的特点是可使学生比较迅速有效地在一定时间内掌握较多的信息，比较突出地体现了教学作为一种简约认识过程的特性，所以，这种模式在教学实践中长期盛行不衰。但由于这种模式中，学生处于客观地接受教师所提供信息的地位，所以不利于其主动性的发挥。然而，接受学习不一定都是机械被动的，关键在于教师传授的内容是否具有潜在意义的语言材料来支持；教师能否激发学生的学习积极性，并引导他们从原有的知识结构中提取相关联的旧知识，接纳新知识；教师能否选择恰当的巩固知识及发展能力的练习。

讲授式教学毕竟只是讲授者单方面的教学活动，易误入灌输式歧途，使学生陷于被动接受知识的状态，所以有一定局限性。随着教育的发展和教学理念的转变，讲授式教学模式也在不断改良，已经从实在性讲授逐步转向松散性讲授，即在讲授过程中渗透学生的自主活动，以达到最佳讲授效果。

## （二）引导发现式教学模式

引导发现式教学模式起源于 20 世纪 70 年代末。引导发现式教学模式是指学生在教师的指导下，通过阅读、观察、实验、思考、讨论等方式，发现一些问题，总结一些规律，共享知识的发现。这种教学模式的显著特点是注重知识的发生、发展过程，让学生自己发现问题、主动获取知识，所以有利于体现学生的主体地位和掌握解决问题的方法。

引导发现式教学一般适用于新概念或知识的讲授，教师在一些重要的定义、定律、公式、法则等新知识的教学中，为学生创设发现知识的机会和条件，让学生经历知识的探索过程，在这一过程中得到思维能力的锻炼。引导发现式教学也可用于课外教学活动，学生根据自己已有的知识经验去发现和探索现实中的数学问题，引导发现式教学的主要目标是学习发现问题的方法，培养、提高创造性思维能力，主要过程包括：

①教师精心设计问题情境。

②学生基于对问题的分析，提出假设。

③在教师的引导下，学生对问题进行论证，形成确切概念。

④学生通过实例来证明或辨认所获得的概念。

⑤教师引导学生分析思维过程，形成新的认知结构。

## （三）活动式教学模式

活动式教学是学生在教师指导下，通过实验、操作、游戏等活动，以主体的实际体验，借助感官和肢体理解数学知识的一种数学教学模式。活动没有形式和规模之分，可以是现实材料活动，也可以是电脑模拟活动；可以是小组活动，也可以是班级活动；活动可以在课内进行，也可以在课外进行。

教学活动是教师根据一定的教学目标组织学生开展的，学生在活动中领悟数学知识，经过思维分析，形成数学概念或理解数学定律。

数学活动包括电脑操作、测量、画图、处理数据、比较、分类等。设计优异的实验既能提高学生的学习兴趣，又能从直观上帮助学生理解概念，掌握概念实质。如借助特殊软件，能够发现数学的很多相关概念；借助计算机，能够做近似计算、画模拟曲线等；经过实际活动（掷币、抽牌等），了解概率的概念等。为了达到设定的活动教学目标，活动要有周密部署，教师要事前充分准备，有时教师还要事先试做，必要时修改活动方案，确保活动达到预期目的，活动式教学模式符合数学发生及数学学习的规律，亦对培养学生的数学兴趣有益，作为主流教学方式的补充方式是十分合适的。采用活动式教学应当紧密围绕教学目标，以发展数学概念为目的。数学活动中应引导学生对自己的判断与活动，甚至语言表达进行思考并加以证实，有意识地了解活动中体现的数学实质。这样的活动，以反思为核心才能使学生真正深入数学建构之中，也才能真正抓住数学思维的实质。

对大学生而言，对有些抽象的数学概念或定律的理解存在困难时，需要借助一定形式的活动来完成。不过，活动式教学模式由于花费的时间较多，而且也容易使学生限于活动本身的形式之中，从而忽视了活动蕴涵的数学内容，所以不宜在教学中频繁使用。

### （四）现代技术教学模式

利用计算机软件或多媒体技术制作课件、辅助数学教学的方法称为现代技术辅助法，随着信息化时代的到来和信息产品的普及，越来越多的数学教师在教学中使用现代技术教学手段。高等数学课程要求教师要恰当地使用信息技术，改善学生的学习方式，引导学生借助信息技术学习数学内容，探索研究一些有意义、有价值的数学问题，利用现代技术将数学现实化、直观化、效能化（减少烦冗的计算或操作），能够提高学生学习数学的兴趣，有助于改善数学教学。计算机的教学功能主要是演示和实验，演示的作用在于把抽象的数学概念具体化、动态化，帮助学生理解数学概念。而数学实验的作用在于让学生利用计算机及软件的计算功能和图形功能展示基本概念和结论，去体验发现、总结和应用数学规律的过程，以及根据具体的问题和任务，让学生尝试通过自己动手和观察实验结果去发现和总结其中的规律。

## 三、传统高校数学教学模式存在的问题

### （一）课堂教学统一化

传统的数学课堂基本采用的是以教师为主导、学生为主体的教学模式。教师在教课过程中多是板书教学或是使用多媒体教学，数学老师的讲课过程趋于统一化。总体来说，高数课堂一直以来都是老师满堂灌，学生忙于记笔记，整个课堂缺少师生互动。高数课程是一门晦涩难懂的学科，学生本来就有一些抵触畏难情绪，更有一些学生的数学基础较差，缺少基本的数学素养，在传统的高数教学模式下，大部分学生是完全被动接受数学知识的。

### （二）注重基础知识讲授，忽略实际应用

传统的高校数学课程教学更加注重基础知识点的讲解，部分学生在学习过程中无法深刻理解知识点，只依靠死记硬背的方法，然后套入计算题中。在这样的教学模式下，学生对数学课程的理解只停留在浅显的计算层面上，根本不了解这些数学知识与后续课程的学习有哪些关联，数学课程又有哪些实际应用。例如，

高等数学课程讲授导数与微分一章时，学生只知道背公式，然后求导数、求微分，却不知道导数与微分应用的背景。学习向量与空间解析几何时，只会计算数量积、向量积，求平面方程和直线方程，却无法建立空间感，更无法从生活中发现空间曲线模型、空间曲面模型。高校数学课程的教学，不仅仅是通过各个教学环节，使学生系统地获得微积分、向量代数与解析几何、常微分方程和级数等基础理论知识，更是要使学生掌握好数学这一现代科学工具。

### （三）考核体系单一化

高校数学类课程的考核大部分采取"平时成绩占 30% ～ 40% ＋ 期末试卷成绩占 70% ～ 60%"的考核方法。平时成绩主要考查学生的平时表现，包括是否缺课或迟到早退、作业完成情况等。在同一个教学班级中，作业容易出现抄袭情况，对于作业的完成情况，老师无法做出公平正确的判断。平时成绩是为了督促学生努力学习数学，注重知识点的积累。期末卷面试题基本由填空题、选择题、计算题、综合题四类题型构成，命题死板僵化，试题大多考查学生数学计算的能力，轻视考查学生使用高数知识解决实际问题的能力。在一张试卷中，填空题和选择题所占的分值较少，有些学生为了及格往往"抓大放小"，重点复习分值高的题型，因此，单单凭一张期末试卷同样无法反映学生的学习能力和对高数知识点的掌握情况，更无法反映学生的实际应用水平。

## 四、构建高校数学生态教学模式

当前时代人才的培养目标，不仅要培养他们掌握社会所需的扎实的科学文化基础知识和基本技能，还必须使他们具备适应社会的较强的动手能力、自学能力、创新能力，以及人与人之间交流所必需的协调能力，还有过硬的心理素质和意志品质。要达到以上培养目标，必须创新教学模式。判断一个教学模式的好坏要看其是否具备开放性和不确定性，是否在教与学的过程中强调师生互动、因材施教等。现代大学生的教育培养过程中，要把重点放在创新能力的培养上，培养适应时代要求的人才。综上所述，高校数学的生态教学模式的创建是非常重要的，因此本小节以高校数学生态模式的构建为例论述高校数学教学模式的实践运用。

### （一）构建高校数学学习的生态环境

数学教学的生态环境是高校数学生态教学模式中的一个重要因素。教学环境分为外部环境和内部环境。外部环境是指除学生这一教学主体之外其他的影响因素，包括学校、家庭、社会环境等，创造良好的外部环境需要学校、家庭、社会和教育行政部门的共同努力。与外部环境相对的内部环境是影响大学生学习的主要因素，这里所谈的内部环境指的是大学生本身内在的心理因素，如情绪、态度、价值观等。研究学生学习的生态环境是为了摸索大学生数学学习过程中的心理规律。

学习数学的心理过程是认知过程、情感过程、意志过程与个人心理特征相互交织的复杂程序，研究它为数学教学提供了广泛的内容。所以，在高校数学教学过程中，要注意与大学生数学教学效果直接相关的大学生非智力因素的培养。教师在教学过程中应当使学生有兴趣地自觉主动地去寻求问题的解决办法，在解决问题的过程中挑战自己、充实自己，并在其中体会学习的快乐。教师要对大学生创新地解决问题的思想给予积极的评价，培养他们解决问题的自信，遇到困难时给予帮助。在课堂讲解的进程中多穿插介绍一些数学理论知识在实践中的应用，让学生觉得学习数学是有用的。还可以在课堂中介绍数学发展的重要历史，以此提高大学生对数学学习的兴趣。

## （二）大学生生态数学教学过程的创建

对当前教育思想方面所做的改革是现代高校数学教学改革的第一要务。现代教师教学的目标和任务不再是单纯的科学文化知识的传授，更多的是对学生学习能力及全方位个性的培养。引导大学生能够运用数学思想和数学思维来分析和解决问题，培养他们自主学习的能力，能够由已知去探索未知。用他们在学校学习时所形成的学习习惯和学习能力去探索未知的世界、未知的客观规律，推动社会进步与发展，成为对社会有用之人。用原来固有的数学教学模式培养的学生缺少创新精神和发散思维，高校数学生态教学模式具有开放性、互动性、持续性等特点，该模式的创建可以改善传统教学模式的现状，弥补其不足。

第一，生态教学模式下要求教学的课堂是开放性的。自数学课堂教学改革提出以来，高校数学教学改革就以培养大学生发展思维和创新能力为重点目标。在高校数学课堂教学过程中，教师应根据教学内容向学生提出一些开放性的问题，这些问题可以是一些思考题，根据考虑角度的不同可以有不同的答案，组织学生先进行分组讨论，各组讨论后再全班回答，这种方法对大学生发展思维与创新能力的培养是非常有益的。

第二，在生态教学模式下教与学之间不是割裂的，而是互动的，可以相互影响的。在生态教学模式下高校数学教学是教师和学生共同参与、共同合作的教学过程。在原来传统的教学模式中教师处于主体地位，在教与学的过程中教师讲学生听，两者间没有建立动态的联系，只是单线传导，很容易在某些环节中断。鼓励学生与教师之间形成互动关系，这种双线连接的方式使得中断发生的可能性减少，教学效果明显提高。可以看出，高校数学教师与其学生间的交流可以更有效地提高高校数学课堂教学的效率。

第三，生态教学模式下的数学教育是可持续的，各数学分支之间密切关联，不是独立存在的，有效决定数学问题能够高效地培养学生的数学能力。因此，开展问题解决式的教学模式对培养大学生的数学思维和创新能力有非常重要的作用。对于生态数学教学体系，其生存和发展的关键任务应该是建设可持续发展的体系。

# 第二节　任务驱动教学模式的实践运用

## 一、任务驱动教学模式的基本含义

任务驱动教学模式属于探究式教学模式，其理论基础是建构主义学习理论。该教学方法具有双重优势：其一能够突出教师教学的"主导"作用，教师根据教学内容和学生实际（包括专业情况、学习理解情况）提前写好教学提案，提出学习任务要求；其二能够体现学生在学习任务中的"主体"作用，针对教师提出的学习任务自觉主动地在教师的引导下对学习任务进行分析、主动探索学习任务中涉及的知识点、与小组成员一起讨论学习、与团队成员共同完成学习任务，并且在这一过程中实现对知识的学习和理解。这样学习的知识印象更深，体会更透彻、理解得更全面。任务驱动式教学模式的本质特征为任务、教师、学生三者的互动，教师提出的学习任务是该模式的主线，教师是该模式的主导方，而学生是该模式的主体。该模式是"主线、主导、主体"三位一体的教学方法。该教学模式巧妙地将目前高数教学中"教"与"学"的分离状态有机统一，最大化地实现课堂教学的作用。

## 二、任务驱动教学模式的实践应用

### （一）任务的设计

任务的设计是任务驱动教学模式最重要的环节，直接决定了一节课的质量、学生是否能够进行自主学习，以及是否能够完成该节课的教学目标。老师在设定任务的时候应当根据学生当前的知识水平，设定合理的、能激发学生学习兴趣的任务。

高等数学是一门公共基础课，要求老师设定任务时要考虑到不同专业的特点，结合该专业的数学水平，提出不同层次的、由简单到复杂的小任务，能够把学生需要学习的数学知识、技能隐含在要完成的任务中，通过一步步地完成任务来实现对当前数学知识和技能的理解和掌握，从而培养学生动手操作、积极探索的能力。

学生对任务的完成分为两种形式：一种是按照原有的知识和老师的指导一步步地完成任务，这种形式比较适合学生对教学内容的一般掌握；另一种是学生除了完成老师要求的任务，还能自由发挥，提出自己的一些建设性的意见，这种形式比较适合学生对教学内容的拓展掌握。例如，在教授"导数的概念"时，老师可以利用现实生活中汽车刹车的实例来提出如何计算汽车在刹车的一段时间内某一时刻的速度，这样很接近现实生活，学生很容易接受任务并很乐意去完成。具体怎么来求出瞬时速度呢？老师要引导学生考虑平均速度和瞬时速度的区别和联系，学生很自然地计算出某一时刻的瞬时速度，并能够很好地掌握导数的概念和公式，从而达到教学目的。

总之，任务的设定要结合学生的实际情况和兴趣点，将教学内容融入教学环境中，培养学生的开放性思维和探索知识的能力。

## （二）任务的完成和分析

一般在教师给出任务以后，留有时间让学生自由讨论和自主搜集学习资料，探讨完成该任务存在什么问题，该如何解决这些问题，能够发现完成该任务所用到的知识点没有学过，这就是完成该任务所要解决的问题。

找到所要解决的问题，在分析该问题时，老师不要直接给出解决问题的方法，而是引导学生，利用已有的知识，利用所需的信息资料，尽量以学生为主体，并给予适当的指导来补充、修正和加深每个学生对问题的认识和知识的掌握。

仍以"导数的概念"为例，当需求出某一时刻的瞬时速度时，首先提出一个任务——求速度的公式，引导学生思考能不能利用该公式求出瞬时速度，如果不能，再提出下一个任务——能不能用平均速度来代替瞬时速度，如果可以的话，需要什么样的条件？当学生能够解决以上问题的时候，继续更有难度的任务——如何将平均速度与瞬时速度联系？引导学生学会利用已有的极限的知识，从而顺利地掌握导数的概念。

在此过程中，老师要充分发挥学生的主观能动性，让学生能够主动独立思考、自主探索，并能够自主总结知识点，这样对培养学生分析解决问题的能力有很大的帮助。同样也使得学生学会了表达自己的见解、聆听别人的意见、吸收别人的长处，并能够和他人团结合作。

老师在此过程中也要时刻注意学生探讨的深度和进度，掌握好课堂的教学进度，并采用适当的措施使得每个学生都能够参与到讨论的活动中。

### （三）效果的评价

当学生完成任务以后，需要老师对结果做出总结性的评价，主要分为两方面的评价；其一是对学生完成任务后的结论的评价，通过评价学生是否完成了对已有知识的应用，对新知识的理解、掌握和应用，达到本节课的教学目的。其二是针对学生在处理任务时考虑问题思维的扩散和创造能力，和其他同学合作协作的能力，以及对自己见解的表达能力，老师应做适当的评价，能够更加激发学生的学习兴趣，保持一种良好的学习劲头。

在进行教学评价的过程中，老师也可以引导学生进行自我评价，使得学生对自己在完成任务的过程中出现的问题和没有考虑到的细节进行总结，能够发现长处，改进失误，从而形成一种良性循环。

对教学效果的评价是达成学习目标的主要手段，教师如何利用此达到教学目标，学生如何利用它来完成学习任务从而达成学习目标，都是相当重要的。因此，评价标准的设计以及如何操作实施都是值得关注的。

## 三、任务驱动模式在高校数学教学中的案例分析

任务驱动模式包括创设情境—确定任务—自主学习（协作学习）—效果评价四个基本环节。以高校数学数列极限这一节教学为例剖析任务驱动模式的各个环节。

### （一）任务驱动模式第一环节是创设情境

情境陶冶模式的理论依据是人的有意识心理活动与无意识的心理活动、理智与情感活动在认知中的统一。教师创设情境使学生学习的数学知识与现实一致或相似。学生带着"任务"进入学习情境，将抽象的数学知识建立起数学模型，使学生对新的数学知识产生形象直观和悬念。

如在数列极限这一节教学，教师设置以下教学情境。

情境1：极限理论产生及发展史（幻灯片展示）。

情境2：展示我国古代数列极限成果（电脑软件制作图形演示）。

情境3：极限与微积分的思想（幻灯片展示）。微积分是一种数学思想，"无限细分"就是微分，"无限求和"就是积分。无限就是极限，极限的思想是微积分的基础，它用一种运动的思想看待问题。

直观、形象的教学情境能激发学生联想，唤起学生认知结构中相关的知识及经验，让学生利用有关知识与经验对新知识产生联想，从而使学生获得新知识，发展学生的能力。

## （二）任务驱动模式第二环节是确定任务

任务驱动模式中的"任务"即课堂教学目标。任何教学模式都有教学目标，目标处于核心地位，它对构成教学模式的诸多因素起着制约作用，它决定着教学模式的运行程序和师生在教学活动中的组合关系，也是教学评价的标准和尺度。所以任务的提出是教学的核心部分，是教师"主导"作用的重要体现。

如数列极限教学课中，根据创设的情境确定任务。

①极限理论产生于第几世纪，创始人是谁，对微积分的主要贡献是什么。

②"割圆术"演示体现了什么数学思想，"割圆术"中，无限逼近于什么图形面积，结合课本思考数列极限的定义的内涵。

③无限与极限之间关系是什么。

④知识建构：数列极限无限趋近与无限逼近意义是否相同，函数极限形象化定义如何，它与数列极限的区别与联系，用图形说明函数值与函数极限的关系。

教师在提出问题（任务）时一定要符合学生认知和高校学生心理特点，教师的问题应简单扼要，通俗易懂，一定要让学生心领神会，能进入学生课堂，凸显学生的主体性地位。

## （三）任务驱动模式第三环节是自主学习与协作学习

问题提出后，学生观看问题情境，积极思考问题。一是真正从情境中得到启发，课堂上由学生独立完成，如上文任务①、②；二是需要教师向学生提供解决该问题的有关线索，如需要搜集资料、相关知识、图片、如何获取相关的信息等，强调发展学生的"自主学习"能力，而不是给出答案，如上文任务③。对于任务④则需要学生之间的讨论和交流、合作，教师补充、修正、拓展学生对当前问题的解决方案。

### （四）任务驱动模式第四环节是效果评价

对学习效果的评价主要包括两部分内容，一方面是对学生当前任务评价即所学知识的意义建构的评价；如本案例中，通过数列极限的直观和形象化情境，激发学生联想，唤起学生认知结构。在计算圆周率时直观和形象化地展示无限"割圆术"化圆为方的"直曲转化，无限逼近"的极限思想，教学时借助多媒体展示无限分割过程，最终趋近于常数；体会极限的思想方法。另一方面是对学生自主学习及协作学习能力的评价。如微积分与极限的关系，则是下阶段学习内容，需要学生去探索，这一过程可以是学生评价互评，可以是老师点评，也可以是师生共同完善和探索，得出结论。

通过本案例分析，任务驱动模式是"教师—任务—学生"，三者融为一体的教学模式，是双边"互动"的教学原则，"教与学"双方形成合力。而不是以"教"定"学"的被动教学模式。

## 四、任务驱动教学模式应用的注意事项

### （一）任务提出应循序渐进

任务的设计是任务驱动教学模式成败的关键所在。老师在提出任务的时候，要注意任务的难易程度，由易到难，将任务细化，通过完成小任务来实现整体的教学目标。在任务的设计上不能千篇一律，要考虑到不同专业的学生的个性差异，设计适合学生身心发展的分层次任务。

### （二）任务设计应具研究性

考虑到任务是需要学生进行自主学习和建构性学习来完成的。因此，要求每个阶段的任务设计不能直接照搬课本，而是能够展示知识之间的联系和知识在实际意义下的研究探索性。通过完成任务，学生能够体会到知识的连通性，意识到所学的知识起到的作用。

### （三）注重人文意识培养

高校数学作为一门基础公共性的课程，既含有丰富的科学性，又蕴含着深厚的人文知识。因此，在模式的应用过程中，要求教学形式情景化和人文化。任务设计的过程不仅要求学生能够掌握一定的科学文化知识，还需要能对学生的思维方式、道德情感、人格塑造和价值取向等方面都能产生积极的影响。

# 第三节　分层次教学模式的实践运用

## 一、分层次教学模式的内涵

### （一）含义

分层次教学模式是依据素质教育的要求，面向全体学生，承认学生差异，改变大一统的教学模式，因材施教，培养多规格、多层次的人才而采取的必要措施。分层次教学模式的目的是使每个学生都得到激励，尊重个性，发挥特长，是在教学班授课制下按学生实际学习程度和能力施教的一种重要手段。

学生之间是有差异的，但有时这种差异往往又不是显而易见的，对学生属于哪一种层次应持一种动态的观点。学生可以根据考试和学习情况做出新的选择。虽然每个层次的教学标准不同，但都要固守一个原则，即要把激励、唤醒、鼓舞学生的主体意识贯穿到整个教学过程的始终，特别是对较低层次的学生，需要教师倾注更多的情感。

### （二）理论基础

第一，分层次教学模式源于孔子的"因材施教"思想。在国外，也有差异教学的理论。即将学生的个别差异视为教学的组成要素，教学从学生不同的基础、兴趣和学习风格出发来设计差异化的教学内容、过程和成果，促进所有学生在原有水平上得到应有的发展。分层次教学模式正是基于这两种理论，在现有教学软、硬件资源严重不足情况下，对现代教育理念下学分制的完善和补充。

第二，心理学表明，人的认识总是由浅入深、由表及里、由具体到抽象、由简单到复杂。分层次教学模式中的层次设计，就是为了适应学生认识水平的差异。根据人的认识规律，把学生的认识活动划分为不同阶段，在不同阶段完成适应认识水平的教学任务，通过逐步递进，使学生在较高的层次上把握所学的知识。

第三，教育学理论表明，由于学生基础知识状况、兴趣爱好、智力水平、潜在能力、学习动机、学习方法等存在差异，接受教学信息的情况也有所不同，所以教师必须从实际出发，因材施教、循序渐进，才能使不同层次的学生都能在原有的程度上学有所得、逐步提高。

第四，人的全面发展理论和主题教育思想都为分层次教学奠定了基础。随着学生自主意识和参与意识的增强，随着现代教育越来越强调"以'人'为本"的价值取向，学生的兴趣爱好和价值追求在很大程度上左右着人才培养的过程，影响着教育教学的质量。

### （三）特点

美国教育家、心理学家布鲁姆在掌握学习理论中指出，"许多学生在学习中未能取得优异成绩，主要原因不是学生智慧能力欠缺，而是由于未能得到适当教学条件和合理的帮助"。[①] 分层次教学，就是在原有的师资力量和学生水平的条件下，通过对学生的客观分析，对他们进行同级编组后实施分层教学、分层练习、分层辅导、分层评价、分层矫正，并结合客观实际，协调教学目标和教学要求，使每个学生都能找到适合自己的培养模式，同时调动学生学习过程中的异变因素，使教学要求与学生的学习过程相互适应，促使各层学生都能在原有的基础上有所提高，达到分层发展的目的，满足人人都想获得成功的心理需求。因此，分层次教学一个最大的特点就是能针对不同层次的学生，最大限度地为他们提供这种"学习条件"和"必要的全新的学习机会"。

## 二、分层次教学模式的意义

分层次教学模式起源于美国，它符合以人为本素质教育的发展方向，以因材施教为原则，以分类教学目标为评价依据，使不同学生都能充分挖掘自身潜力，从而达到全面提升学生素质、提高教学质量的目的。20世纪80年代以来，中国也开始在小学到大学的全部教育阶段内尝试进行分层次教学方法。

### （一）有利于提高学习兴趣

实施分层教学模式，对非理工类专业的学生降低教学难度，学会高校数学的一些基础知识，发现学习数学的趣味所在；对于理工类等专业的同学，提高高校数学的学习难度，可以避免他们由于感到学习内容过于简单而丧失学习积极性的弊端。各个层次的学生都能够更加认真地学习高校数学的课程，发现学习的乐趣，提高学习水平和学习兴趣。

### （二）有利于实现因材施教

教师可以根据不同层次学生的数学基础和学习能力设计不同的教学目标、要

---

① 田园.高等数学的教学改革策略研究［M］.北京：新华出版社，2018.

求和方法，让不同层次的学生都能有所收获，提高高校数学的教学、学习效率。教师在课前能够针对同一层次学生的情况，做好充分的准备，有针对性、目标明确，这就极大地提升了课堂教学的效率。

### （三）有助于提高教学质量

学生水平参差不齐，教学中难免会造成左右为难的尴尬局面。在实施分层次教学以后，教师面对同一层次的学生，无论从教学内容还是教学方法方面都很容易把握，教学质量自然会有所提升。

## 三、分层次教学模式的实施

### （一）合理分层，整体提升

随着我国各大高校扩招政策的不断深入，使得我国原本以一本线招生的各大高校也招入了许多二本分数的学生，加之部分高校还存在文理科混招的现象，进而导致学生的入学成绩差异越拉越大。于此，分层次教学模式的实施将更符合当前高校学生的学习实际，且以此方式开展高校数学教学，更能体现出该教学模式的针对性与科学性。当然，采用分层次教学模式，首要工作便是对学生进行合理评级，而要确保评级的合理性，便要采取将学生入学成绩与学生资源结合的方式，以学生自主选择为基础，然后参考学生的入学成绩予以分级，如此方能有利于学生学习兴趣与学习主观能动性的调动。与此同时，积极引进合理的竞争机制，还能有效促进学生学习积极性的提升，进而有利于学生整体学习效率的提高。

### （二）构建分层目标，合理运用资源

采用分层次教学模式，针对教学的目标也应结合分级原则予以合理设定。通常情况下，针对学习能力强的学生，不应对其做出过多的限定，需以激发学生的学习潜能为主，以免限制学生在高校数学领域的发展；而针对处于较低层次的学生，则需以掌握基础为主，且针对不同专业以及不同专业取向的学生，应尽可能为其提供充足的数学知识与能力准备，从而让各层次学生均能对数学的价值、功能以及数学的思想方法有所了解，进而努力促进更多学生由低层次逐步往高层次的方向发展，继而确保课堂教学质量与效率的有效提升。从理论层面来看，关于学生层次以及教学目标的分级，当然是越细越好，但考虑到我国各大高校庞大的

学生数量，加之教学组织与管理方面的难度，以及教学资源的合理运用，因而实际可考虑以不同层次的方式划分，而针对教学目标的设定还需考虑如下三个方面：一为数学的基本原理与概念；二为解决问题能力的训练方法；三为数学的思想与文化素质。

1. 对基础层次采用的教学方法与教学策略

针对基础较好且学习能力相对较强的学生，为确保高效的教学效率，首先应致力于学生学习兴趣的提升。对此，教师采取的教学方式应以鼓励引导为主。与此同时，促使学生掌握正确的学习方法，有利于学生自主学习能力的发展。当然，考虑到是学生所处之不同层次，教师的教学过程中亦应重视以下三点：第一，要尽可能的直观化抽象的高校数学知识，以方便学生理解；第二，注重体现教学的启发性；第三，增强教学的趣味性。

2. 对提高层次采用的教学方法与教学策略

针对处于提高层次的学生，首先教师教学除了需侧重展示教学的概念外，还需让学生了解一定的定理发展史，以帮助学生理解数学基础知识中所包含的数学思想，同时掌握解决问题的基本方法，继而寻求数学的解题规律，以解释数学的本质。其次则是坚持以解决问题为核心，并采用启发式的教学方式以激发学生的学习潜力。再次则是要积极联系教材，并尽量为学生创设活跃的学习环境，以促使学生自主学习并主动提出问题，进而通过组织学生讨论以找出符合问题描述的解题类型。最终则是根据能力的要求设置合理的例题，从而确保针对学生的水平训练满足日常的训练要求。当然，最重要的一点还是要对当前的教育理念予以进一步的补充与完善，并针对现有的学分制进行相应的改革，结合现有的教学软硬件等资源条件，让每一位学生都能体会到成功的快感，如此方有利于学生学习积极性的提升。

## （三）分层教学内容，满足知识理解深度

把控教学进度并针对不同层次班级采用不一样的教学内容与方法是分层次教学模式的核心。针对高层次班级，教师应在教授基本知识之余，结合实际要求进行适当的拓展，以提升学生对所学知识的实际运用能力，进而促使学生逐步由"学会"往"会学"的方向发展。而针对低层次班级，则需适当降低要求，即在要求学生掌握本科基本内容的前提下，理解部分课本与课本之外的简单习题。与此同时，针对不同层次的班级，即便是相应的内容也应有不一样的要求。如

针对层次较高的班级，应对其在知识理解的深度与广度方面提出更高的要求，而低层次班级仅需懂得运用基本的概念与方法以及能用描述性的语言处理问题即可。

例如，当进行"极限"概念的相关内容教学时，针对高层次班级，教师除了要求学生掌握极限的定义外，还要能通过例题与习题深挖概念所隐藏的内涵，继而懂得利用定义对既有的结论予以证明。而针对低层次班级，仅需要求其掌握极限的定义，而后针对部分极限能用描述性的定义去求解即可。又如，针对高校数学中的定理与性质，低层次班级仅需学会使用即可，而高层次班级则应要求其对理论进行论证。

### （四）采取分层考核和评分，提升学生主动性

由于采用分层次教学的方式，教师在日常的教学过程中对学生有着不一样的要求，因而考试的内容也应根据最初所划定的学生层次来做出适当的调整，并最终以考试成绩来作为对学生进行再次分级的依据。当然，教师所做的调整也需要结合学生意愿，如根据学生意愿将高层次班级中的"差等生"降低到低层次的班级，而将低层次班级的"优等生"上升至高层次班级，如此方能在避免打击学生学习自信的同时提升学生的学习主动性与积极性。

例如，在学习"数列的极限"内容时，教学目标是让学生掌握数列极限的定义，学会应用定义求证简单数列的极限，或从数列的变化趋势找到简单数列的极限。因此，老师在教学之后进行考核的过程中，则可以采取分层考核和评分的方法。其中，针对优等生，老师不仅需要考核他们掌握基础知识的情况，而且还需要注重考核对其他相关知识的掌握；对于水平较低的学生则只需要考核他们是否掌握数列极限的定义、是否学会应用定义求证简单数列的极限。通过采用这种考核方法，能够让不同水平的学生更加全面地认识自己，从而全面提升学生的数学水平。

总之，将分层次教学模式应用于高校数学教学，其目的主要是希望能减轻学生的学习压力，进而促进学生对该专业基础知识的掌握，并以此提升学生的抽象与逻辑思维能力。因此，作为高校数学教师，应将分层次教学模式视作一种教学组织形式，而要充分发挥此种教学形式的作用，关键在于找出学生的认知规律，并持之以恒地加以实践，总结经验教训，如此方能取得良好的教学效果，并确保学生的全面发展。

# 第四节　互动教学模式的实践运用

## 一、高校数学课堂教学中师生互动存在的问题

### （一）形式单调，多师生间互动，少生生间互动

课堂互动的主体由教师和学生组成。课堂中的师生互动可组成多种形式，如教师与学生全体、教师与学生小组、教师与学生个体、学生全体与学生全体、学生小组与学生小组、学生个体与学生个体之间的互动。由于高校数学课程容量比较大，抽象的理论内容居多，所以很多教师采取的互动方式多是教师与学生全体、教师与学生个体互动，教师提出启发式的问题让全体学生思考，由于时间所限，也只能有个别学生回答问题。这种互动方式没有学生集体讨论的时间，不能广开思路，容易造成学生的思维惰性，起不到培养思维能力和创新能力的作用。

### （二）内容偏颇，多认知互动，少情感互动和行为互动

师生互动作为一种特殊的人际互动，其内容也应是多种多样的。一般把师生互动的内容分为认知互动、情感互动和行为互动三种，包括认知方式的相互影响，情感、价值观的促进形成，知识技能的获得，智慧的交流和提高，主体人格的完善等。由于课堂时间有限，高校数学课又是基础课，基本都是大班授课，互动的内容也就尽量集中在知识性的问题上，缺乏情感交流。于是，课堂互动主要体现在认知矛盾的发生和解决过程上，而缺乏心灵的美化、情感的升华、人格的提升等过程。这样容易导致师生间缺乏了解、缺乏关怀，加之知识的枯燥，就容易导致一些学生产生厌学情绪。

### （三）深度不够，多浅层次互动，少深层次互动

在课堂教学互动中，我们常常听到教师连珠炮似的提问，学生机械反应似的回答，这一问一答看似热闹，实际上，此为"物理运动"，而非"化学反应"，既缺乏教师对学生的深入启发，也缺乏学生对问题的深入思考，这些现象反映出课堂的互动大多在浅层次进行，没有思维的碰撞，也没有情绪的波动，整个课堂缺乏深层次互动，没有大海似的潮起潮落、波浪翻涌。

**（四）互动作用失衡，多"控制—服从"的单向型互动，少交互平行的成员型互动**

在分析课堂中的师生角色时，我们常受传统思维模式的影响，把师生关系定为主客体关系。于是，师生互动也由此成为教师为主体与学生为客体之间的一种相对作用和影响。师生互动大多体现为教师对学生的"控制服从"影响，教师常常作为唯一的信息源指向学生，在互动作用中占据了强势地位。

## 二、互动式教学模式及优点

互动教学模式是指在教师的指导下，利用合适的教学选材，在教学过程中充分发挥教师和学生双方的主观能动性，形成师生之间相互对话、相互讨论、相互交流和相互促进，旨在提高学生的学习热情与拓展学生思维，培养学生发现问题、解决问题能力的一种教学模式和方法。互动式教学与传统教学相比，最大的差异在一个字：动。传统教学是教师主动，脑动、嘴动、手动，学生被动，神静、嘴静、行静，从而演化为灌输式教学，是一言堂。而互动式教学从根本上改变了这种状况，真正做到了"互动"——教师主动和学生主动，彼此交替、双向输入，是群言堂。而且从教育学、心理学角度，互动式教学有以下四大优点。

第一，发挥双主动作用。过去教师讲课仅满足于学生不要讲话、遵守课堂秩序、认真听讲。现在教师、学生双向交流，或解疑释惑，或明辨是非，学生挑战教师，教师激活学生。

第二，体现双主导效应。传统教学是教师为主导、学生为被动接受主体。互动式教学充分调动学生的积极性、主动性、创造性，教师的权威性、思维方式、联系实际解决问题的能力以及教学的深度、广度、高度受到挑战，教师的因势利导、传道授业、谋篇布局等"先导"往往会被学生的"超前认知"打破，主导地位在课堂中不时被切换。

第三，提高双创新能力。传统的教学仅限于让学生认知书本上的理论知识，这虽是教师的一种创造性劳动，但其教学效果有局限性。互动式教学提高了学生思考问题、解决问题的创造性，促使教师在课堂教学中不断改进、不断创新。

第四，促进双向影响。传统教学只讲教师影响学生，而忽视学生的作用。互动式教学是教学双方进行民主平等的协调探讨，教师眼中有学生，教师尊重学生的心理需要，倾听学生对问题的想法，发现其闪光点，形成共同参与、共同思考、共同协作、共同解决问题的局面，真正产生心理共鸣，观点共振，思维共享。

## 三、互动式教学模式类型

互动式教学作为一种崭新的适应学生心理特点、符合时代潮流的教学方法，其基本类型在实践中不断发展，严格地说，教学有法，却无定法。比较适用的互动教学有以下五种方式。

### （一）主题探讨法

任何课堂教学都有主题。主题是互动教学的"导火线"，紧紧围绕主题就不会跑题。其策略一般为抛出主题—提出主题中的问题—思考讨论问题—寻找答案—归纳总结。教师在前两个环节是主导，学生在中间两个环节为主导，最后教师做主题发言。这种方法主题明确，条理清楚，探讨深入，充分调动了学生的积极性、创造性，缺点是组织力度大，学生所提问题的深度和广度具有不可控制性，往往会影响教学进程。

### （二）问题归纳法

先请学生提出教学内容在实际生活的表现以及存在的问题，然后教师运用书本知识来解决上述问题，最后归纳总结所学基本原理及知识。其策略一般为提出问题—掌握知识—解决问题，在解决问题时学习新知识，在学习新知识时解决问题。这种方法目的性强，理论联系实际，提高解决问题的能力快，缺点是问题较单一，知识面较窄，解决问题容易形成思维定式。

### （三）典型案例法

运用多媒体等手法将精选案例呈现在学生面前，请学生利用已有知识尝试提出解决方案，然后抓住重点做深入分析，最后上升为理论知识。其策略一般为案例解说—尝试解决—理论学习—剖析方案。这种方法直观具体，生动形象，环环相扣，对错分明，印象深刻，气氛活跃，缺点是理论性学习不系统不深刻，典型案例选择难度较大，课堂知识容量较小。

### （四）情景创设法

教师在课堂教学中设置启发性问题，创设解决问题的场景。其策略程序为设置问题—创设情景—搭建平台—激活学生。这种方法课堂知识容量大，共同参与性高，系统性较强，学生思维活跃，趣味性高，缺点是对教师的教学水平和调控能力要求高，对学生配合程度要求高。

### （五）多维思辨法争论

把现有解决问题的经验方法提供给学生，或有意设置正反两方，掀起辩论，在争论中明辨是非，在明辨中寻找最优答案。其策略程序为解说原理—分析优劣—发展理论。这种方法课堂气氛热烈，分析问题深刻，自由度较大，缺点是要求教师充分掌握学生的基础知识和理论水平，教师收放把握得当，对新情况、新问题、新思路具有极高的分析能力。

互动式教学法是一种民主、自由、平等、开放式的教学方法。耗散结构理论认为，任何一个事物只有不断从外界获得能量方能激活机体。"双向互动"关键要有教师和学生的能动机制、学生的求知内在机制和师生的搭配机制，这种机制的形成从根本上取决于教师和学生的主动性、积极性、创造性以及教师教学观念的转变。

## 四、师生互动在高校数学教学中所应具备的条件

数学具有高度的抽象性和严密的逻辑性，这就决定了学习数学有一定的难度。所以，在课堂教学中开发学生大脑智力、引导学生利用数学思维更要求师生间有充分的交流与合作，因而，师生互动也表现得更加突出。而在课堂教学中用某种形式取代了传统教法的现象有目共睹。一堂课的教学并不一定是某个特定的教学方法，而应该是多种教学思想与教学方法的结合。从这个意义上说未来数学教学的改革应多强调多种教学方法功能的互补性，使数学教学朝着综合方面发展，即把某些教学方法优化组合，构成便于更好发挥其作用和功能的综合教学方法。师生互动不仅仅是一种教学方法或方式，它实际上是教学改革中新的教学理念的具体体现。而要想充分发挥师生互动的作用，就必须理解其在数学教学中所应具备的条件。

### （一）确立平等的师生关系和理念

师生平等，教师是整个课堂的组织者、引导者、合作者，而学生是学习的主体。教育作为人类重要的社会活动，其本质是人与人的交往。教学过程中的师生互动，既体现了一般的人际关系，又在教育的情景中"生产"着教育，推动教育的发展。根据交往理论，交往是主体间的对话，主体间对话是在自主的基础上进行的，而自主的前提是平等的参与。只有平等参与，交往双方才可能向对方敞开心扉，彼此接纳，无拘无束地交流互动。因此，实现真正意义上的师生互动，前提应是师生完全平等地参与到教学活动中来。

怎样才有师生间真正的平等，师生间的平等并不是说到就可以做到的，这需要教师们继续学习，深刻领悟，努力实践。如果我们的教师仍然是传统的角色，采用传统的方式教学，学生们仍然是知识的"容器"，那么，把师生平等的要求提千百遍，恐怕也是实现不了的。很难想象，一个高高在上的、充满师道尊严意识的教师，会同学生一道，平等地参与到教学活动中来。要知道，历史上师道尊严并不是凭空产生的，它其实是维持传统教学的客观需要。这里必须指出的是，平等的地位只能产生于平等的角色，只有当教师的角色转变了，才有可能在教学过程中真正做到师生平等地参与。教师应是一个明智的辅导者，在不同的时间和情况下，扮演不同的角色。

①模特。既要演示正确的、规范的、典型的过程，又要演示错误的、不严密的方法，更要演示学生中出现的典型问题，从而引导学生正确地分析和解决问题。

②评论员。对学生的数学活动给予及时的评价，并用精辟的、深刻的观点阐述内容的要点、重点及难点，同时以专家般的理论让学生折服。指出学生活动过程中的优点和不足，提出问题让学生去思考，把怎样做留给学生。

③欣赏者。支持学生大胆参与，不论他们做得怎么样，抓住学生奇妙的思想火花，大加赞赏。

## （二）彻底改变师生在课堂中的角色

课堂教学应该是师生间共同协作的过程，是学生自主学习的主阵地，也是师生互动的直接体现，要求教师从已经习惯了的传统角色中走出来，从传统教学中知识的传授者转变成为学生学习活动的参与者、组织者、引导者。学生是知识的探索者，学习的主人。课堂是学生的，教具、教材都是学生的。教师只是学生在探索新知道路上的一个助手，尊重学生的主体地位，建立师生民主平等环境，赋予学生学习活动中的主体地位，实现学生观的变革，在互动中营造一种相互平等、包容和融洽的课堂学习气氛。

现代建构主义的学习理论认为，知识并不能简单地由教师或其他人传授给学生，而只能由每个学生依据自身已有的知识和经验主动地加以建构；同时，让学生有更多的机会去论及自己的思想，与同学进行充分的交流，学会聆听别人的意见并做出适当的评价，有利于促进学生的自我意识表达和自我反省。数学教育中教师的作用不应被看成"知识的授予者"，而应成为学生学习活动的促进者、启发者、质疑者和示范者，充分发挥"导向"作用，真正体现"学生是主体，教师是主导"的教育思想。所以课堂教学过程的师生合作主要体现在如何充分发挥教师的"导学"和学生的"自学"上。而彻底改变师生在课堂中的角色，就要变"教"为"导"，变"接受"为"自学"。

举个例子，在高校数学教学中讲解重要极限公式时，可以让学生用数形结合的思想推出结论，这样利用已学的知识尝试解决、攻克疑难问题，学生会对本节课的知识点更加明确。"自学"的过程实际上是运用旧知识进行求证的过程，也是学生数学思维得以进一步锻炼的过程。所以，改变课堂教学的"传递式"课型，还课堂为学生的自主学习阵地是师生双边活动得以体现、师生互动能否充分实现的关键。

总之，教师成为学生学习活动的参与者，平等地参与学生的学习活动，必然会导致新的、平等的师生关系的确立。教师要有充分的、清醒的认识，从而自觉地、主动地、积极地去实现这种转变。

### （三）建立师生间相互理解的观念

在教学过程中，师生互动是一种双边（或多边）交往活动，教师提问，学生回答；教师指点，学生思考；学生提问，教师回答；共同探讨问题，互相交流，互相倾听、期待。这些活动的实质是师生间的相互沟通，实现这种沟通，理解是基础。

有人把理解称为交往沟通的"生态条件"是不无道理的，因为人与人之间的沟通都是在相互理解的基础上实现的。研究表明，在学习活动中，智力因素和情感因素是同时发生、交互作用的。它们共同组成学生学习心理的两个不同方面，从不同角度对学习活动施以重大影响。如果没有情感因素的参与，学习活动既难以发生也不能持久。情感因素在学习活动中的作用，在许多情况下超过智力因素的作用。

教学实践显示，教学活动中最活跃的因素是师生间的关系。师生之间、同学之间的友好关系是建立在互相切磋、相互帮助的基础之上的。在数学教学中，数学教师应有意识地提出一些学生感兴趣的、有一定深度的课题，组织学生开展讨论，在师生互相切磋、共同研究中增进师生、同学之间的情谊，培养积极的情感。许多优秀教师的成功很大程度上是因为与学生建立起了一种非常融洽的关系，相互理解，彼此信任，情感相通，配合默契。在教学活动中，通过师生、生生的互动，合作学习，真诚沟通，老师的一言一行，甚至一个眼神、一丝微笑，学生都能心领神会。而学生的一举一动，甚至面部表情的些许变化，老师也能心明如镜，知之甚深，真可谓心有灵犀一点通。这里的"灵犀"就是教师在长期的教学活动中与学生建立起来的相互理解。

### （四）在教学过程中师生互动的时机

在教学过程中，师生之间的交流应是"随机"发生，而不一定要人为地设计成某个时间段老师讲，某个时间段学生讨论，也不一定是老师问学生答。即在课堂教学中，尽量创设宽松平等的教学环境，在教学语言上尽量用"激励式""诱导式"语言点燃学生的思维火花，尽量创设问题，引导学生回答，提高学生的学习能力及培养学生的创设思维能力。

古人常说，功夫在诗外（功夫在诗外是指学习作诗不能就诗学诗，而应把功夫下在掌握渊博的知识，参加社会实践上），教学也是如此，为了提高学术功底，我们必须在课外大量地读书，认真地思考；为了改善教学技巧，我们必须在备课的时候仔细推敲、精益求精；为了在课堂上达到"师生互动"的效果，我们在课外就应该花更多的时间和学生交流，放下架子和学生真正成为朋友。学术功底是根基，必须扎实牢靠，并不断更新；教学技巧是手段，必须生动活泼，直观形象；师生互动是平台，必须师生双方融洽和谐，平等对话。如果我们把学术功底、教学技巧和师生互动三者结合起来，在实践中不断完善，逐步达到炉火纯青的地步，那么我们的教学就是完美的，我们的教学就是成功的。

要建立体现人格平等、师生互爱、教学民主的人文气息，促进师生关系中知识信息、情感态度、价值观等方面的相互交融，就必须不断加强师生的互动。在尊重教师的主导地位，发挥教师指导作用的前提下，必须给学生自主的"五权"，即"发言权""动手权""探究权""展示权""讨论权"，凸显学生的主体地位。在互动中教师和学生可以相互碰撞、相互理解；教师在互动中激励和唤醒学生自主学习，主动发展；学生在互动中借助教师的引导，利用资源得到发展。只有充分认识师生互动双方的地位，才能促进学生学习方式的转变和教师教学理念的更新，只有充分发挥互动的作用，才能促进师生之间、生生之间的有效互动，才能收到事半功倍的教学效果，才能促进师生的和谐发展与进步。

## 五、互动式教学模式的教学程序

互动式教学模式在高校数学教学中一般可分为以下六个阶段。

### （一）预习阶段

预习阶段即课前预习，是老师备课、学生预习的过程。老师根据学生的个性差异备好课，学生根据老师列出的预习提纲和内容进行自主研究，或者同学之间互相探讨，从中寻找问题、发现问题、列出问题。对于学生暴露出来的问题，教师做详细分析，并对这些问题如何解决提出对策和方法，进行"二次备课"。

### （二）师生交流阶段

师生交流阶段是上一阶段的升华。教师要组织学生针对普通的问题，结合教材，归纳出需要交流讨论的问题，然后提出不同看法并进行演示，共同寻找解决问题的办法，倡导学生主动参与，乐于探究，勤于动手，培养学生获取知识、解决问题以及交流合作的能力。

### （三）学生自练阶段

学生根据师生交流的理论知识和师生演示提供的直观形象进行分组练习，互相探讨，老师巡回指导，为学生提供充分的活动和交流的机会，帮助学生在自主探究过程中真正理解和掌握知识。

### （四）教师讲授阶段

教师讲授阶段是师生进行双边活动的环节，是课堂教学的主要内容。在自练之后教师进行讲解，突出重点、难点，让每个学生反复思考，积极参与到解决问题中来，充分发挥民主，各抒己见。而学生则根据老师的讲解、示范不断改进，直到解决问题为止。这一阶段要求老师有精细的辨析能力和较高的引导技巧。

### （五）学生实践阶段

练习是课堂教学的基本部分，它充分体现了以学生为主体的教学过程。在教学过程中，老师有目的地引导学生将所学知识技能应用到实践中，采用自发组合群体的分组练习方法以满足学生个人的心理需求，并尽可能安排难度不一的练习形式，对不同层次的学生提出不同层次的要求，尽可能地为各类学生提供更多的表现机会。练习的方式要做到独立练习和相互帮助练习相结合，使学生在练习中积极思考，亲自体验，并从中找到好的方法与经验，从而提高学生的应用能力和解决问题的能力。

### （六）总结复习阶段

总结复习阶段是课堂教学的结束及延伸部分，在教学中，学生可以自由组合，互相交流，互相学习，这样既可以培养学生的归纳能力，又能够使身心得到和谐的发展。最后老师画龙点睛，总结优缺点以及存在的问题，并布置课后复习，要求学生在课余时间对所学的内容进行复习，加强记忆。

总之，高校数学是高校的重要基础课，它对于学生后续课程的学习有重要的作用。在高校数学课程教学中应用互动式教学模式，使学生由被动变为主动，既提高了学生的学习兴趣，同时也增进了老师和学生之间的沟通与交流。在高校数学教学中，互动式教学模式不失为一种好的教学模式。

# 第五节　翻转课堂教学模式的实践运用

## 一、翻转课堂教学模式解析

狭义的"翻转课堂"指的是制作与课程相关的短小视频布置给学生作为课前自主学习的任务，而广义上的"翻转课堂"则包括布置给学生课前或课后自学的主要学习资料和任务，而在课堂上老师要进行的则是针对学生在自学过程中遇到问题的答疑、解惑、讨论和交流。在翻转课堂中，教师的角色不再单单是课程内容的传授者，而是更多地变为学习过程的指导者与促进者；学生从被动的内容接受者变为学习活动的主体；教学组织形式从"课堂授课听讲＋课后完成作业"转变为"课前自主学习＋课堂协作探究"；课堂内容变为作业完成、辅导答疑和讨论交流等。该模式起到的作用是为自主学习和协作探究提供方便的学习资源和互动工具，评价方式呈现多层次、多维度。

## 二、关于翻转课堂内容的选择

翻转课堂内容的选择也是有方法和技巧的，对于学得比较好的班级，应该选择综合性比较强，包含知识点多的章节作为翻转内容，这样学生在课下学习的过程中会主动地去翻书查找资料，复习和学习更多的内容。前期老师对问题的选择也很重要，教师要选择和学生生活、学习以及专业相关的问题。如财会专业的学生可以选择和经济相关的内容，土木工程和工程管理专业的学生可以选择和工程相关的内容。

## 三、教师前期准备工作

在翻转课堂的实施过程中，教师前期的准备工作显得尤为重要。一方面，前期要进行翻转内容的筛选、材料的搜集、视频和幻灯片的制作、作业的布置、学习流程指导等，完成以后将所准备的材料打包放到班级群共享或者网络平台上供全班同学参考观看。在做好上课前的预习准备工作的同时，将全班同学进行分组，并为各个小组分配好具体任务。当然，在这期间小组长要与老师进行沟通，寻求参考意见和帮助，目的是让整个课程的设计流程更加流畅、环节更加缜密、效果更为理想。另一方面，教师最好在前一次课给出具体的要求以及下次课将要考查的内容，让学生提前学习做好准备，同时针对学习方法给学生提出意见和建议。

## 四、课堂翻转过程

根据翻转课堂的宗旨，课堂将转换为教师与学生的互动，以答疑交流为主，教师要帮助学生消化课前学习的知识，纠正错误，加深理解。因此在课堂教学中，第一阶段的主要任务是答疑和检查学生的学习效果，针对翻转章节，将内容细化为 7 到 10 个知识点，随机抽取小组来讲解自己的答案，在这一过程中极大地激发了学生的学习兴趣，大多数小组会制作出非常精美的幻灯片和课程报告。这一部分的讲解将使得部分学生完成对知识点的吸收和内化，为第二阶段打下了牢固的基础。第二阶段主要为教师的点评和学生学习效果的检验过程。后期针对学生的讲解老师要认真点评，不但要肯定学生的学习态度和能力，还要给出有效的建设性意见，对学生的学习产生一定的鼓励作用，同时要针对翻转内容让学生做一个 20 分钟左右的小测验。

## 五、基于翻转课堂教学模式的高校数学教学案例研究

下面以曲线积分的教学为例介绍基于翻转课堂教学模式的高校数学教学。

### （一）教学背景

曲线积分是高校数学的重要内容，主要研究多元函数沿曲线弧的积分。曲线积分主要包括对弧长的曲线积分和对坐标的曲线积分。对坐标的曲线积分是解决变力沿曲线所做的功等许多实际问题的重要工具，在工程技术等许多方面有重要应用。格林公式研究闭曲线上的线积分与曲线所围成的闭区域上的二重积分之间的关系，具有重要的理论意义与实际应用价值。

### （二）教学目标

课程教学目标包括三个方面：知识目标、能力目标、情感目标。

1. 知识目标

理解和掌握格林公式的内容和意义，熟练应用格林公式解决实际问题，了解

单连通区域和复连通区域的概念，理解边界线方向的确定方法。

2. 能力目标

通过实际问题的分析和讨论，增强学生应用数学的意识，培养学生应用数学知识解决实际问题的能力，通过推导和证明，培养其严格的逻辑思维能力。

3. 情感目标

通过引入轮滑等身边实例，使学生认识到所学数学知识的实用性，结合生动自然的语言，激发其学习数学的兴趣。

## （三）教学策略

1. 采用线上线下相融合的翻转课堂教学模式

课前线上学习、小组讨论，课上教师讲解、同学汇报，师生讨论、深化提高。

2. 采用以问题为驱动的教学策略

以轮滑做功问题引入，围绕下列问题渐次展开：第一，什么是单连通区域、复连通区域？如何确定边界曲线的正向？第二，格林公式的条件和结论，如何证明？第三，格林公式的具体应用。

3. 采用实例教学法，激发学生学习兴趣

利用生活中的滑轮问题引入力、路径和功之间的关系，激发学生兴趣；然后提出计算问题，使其认识到探索新方法的必要性，引导学生主动思考和应用格林公式。

4. 采用典型例题教学法，巩固教学重点

通过分析典型例题，使学生深入理解格林公式在计算第二型曲线积分中的作用。学生通过分析典型例题的求解思路和方法，融合比较分析技术，自己总结规律和技巧，掌握格林公式的应用，同时巩固格林公式的理论和方法。

## （四）教学过程

1. 问题导入

例 1：假设在轮滑过程中，滑行路线为 $L$：（$x-1$）$+y=1$，求逆时针滑行一周前方对后方所做的功。

分析：该问题是变力沿曲线做功问题。

由第二类曲线积分的计算方法，令 $x=1+\cos t$，$y=\sin t$，则有请同学们思考如何计算该积分？同学们讨论后发现，积分求解困难，统一变量法失效，发现化为定积分方法的局限性。求解这样一个闭曲线上的积分，需要寻求新的方法，这就是格林公式，从而引出本节教学内容。

板书本节课的主要问题（后续教学紧紧围绕这三个问题展开）。

第一，什么是单连通区域、复连通区域？如何确定边界曲线的正向？第二，格林公式的条件和结论，如何证明？第三，格林公式的具体应用。

2. 单（复）连通区域

在讨论格林公式之前，先讨论关于区域的基本概念，通过平面封闭曲线围成平面区域这一事实引入平面区域的分类和边界线的概念。

请同学们汇报网上学习的情况。有同学主动要求汇报，学生在黑板上画图并通过图形叙述了单（复）连通区域的概念以及边界曲线正向的确定方法。

教师对学生汇报情况加以肯定，强调复连通区域内外边界线方向的不同，并进一步拓展为内部有多个"洞"的情况。

3. 格林公式

我们知道平面区域对应着二重积分，而其边界线对应着曲线积分，这两类积分之间有什么关系呢？

请同学根据线上学习情况汇报。有同学带着事先准备好的讲稿主动要求到讲台讲解。先板书定理内容，然后画图，结合图形分析证明思路。要求学生仅针对区域既是 $X$ 型又是 $Y$ 型的情况进行证明。利用积分区域的可加性，其他情况可以类似证明。

教师提问：定理的条件为什么要求被积函数具有一阶连续偏导数呢？学生讨论后发现：定理证明过程中用到了偏导数的二重积分，因而要求连续。

教师提问：格林公式对复连通区域成立吗？

师生共同讨论：通过给一个具体区域形状，根据分割方法，将一般区域问题化为几个简单问题。利用对坐标的曲线积分的性质，可以证明格林公式同样成立。

为了便于记忆，我们把格林公式的条件归纳为："封闭""正向""具有一阶连续偏导数"。

4. 典型例题分析

①直接用格林公式来计算。例1：轮滑做功问题求解，让学生体会格林公式的作用，回应问题引入。

②间接用格林公式来计算。例2：计算对坐标的曲线积分 $\int_L \left( e^{\sin y} + my \right) dx + \left( e^{\cos y} - m \right) dy$ ，其中 $L$ 是上半圆周 $(x-a)^2 + y^2 = a^2$ ， $y \geq 0$ ，沿逆时针方向。

教师提问：能否直接使用统一变量法？若不能，能否利用格林公式？

学生回答：不满足格林公式的条件。

教师进一步启发：能否创造条件，使之满足定理的条件？

通过师生共同分析：采取补边的办法。

③被积函数含有奇点情形。例3：计算曲线积分 $\oint_L \dfrac{x dy - y dx}{x^2 + y^2}$ ，其中 $L$ 为一条无重点、分段光滑且不经过原点的连续闭曲线，取逆时针方向。

分析：$L$ 为一条抽象的连续闭曲线，其内部可能包含原点，也可能不包含原点。若包含原点在内，则原点为被积函数的奇点，不能直接使用格林公式。

师生共同探讨：采取"挖去"奇点的办法解决。

5. 内容总结

课堂总结复习，回顾格林公式的内容和求闭曲线上的线积分的基本方法。布置课后作业，掌握格林公式的应用。重点复习格林公式的理解和应用。

### （五）教学反思

课题教学从实际问题出发，导出问题，分析问题，围绕问题展开讨论。采用了线上线下相融合的翻转课堂教学模式，通过学生课前线上学习，课堂汇报，充分体现了学生的主体地位，发挥了学生学习的积极性和主动性。课堂教学运用了问题驱动的教学方法，层层递进，环环相扣，知识内容一气呵成。重点强调了公式的条件和应用方法。但在学生汇报环节，个别学生参与度不够，体现出线上学习不够深入。

# 第六节 线上线下混合式教学模式的实践运用

对于高校数学课程来说，线上与线下混合教学模式的应用主要可以帮助学生在课后与线上进行自主学习与课前预习，学生在实际课堂教学开展前就对知识进行基本了解；教师可以通过线上平台的教学方式对学生的自主学习能力进行掌握。对于线下的师生交流来说，学生可以带着课前预习中所遇到的问题进行学习，教师可以针对学生的疑问进行讲解，消除学生的知识盲区，提高教学效率以及教学质量。而线上线下混合教学模式的开展还可以培养学生的学习技能，帮助学生全面发展。

## 一、应用线上线下混合教学模式的重要性

### （一）提高学生学习积极性

线上线下混合式教学较传统的课堂教学方式发生了较大改变，学生可通过互联网以及信息化终端在线上学习与观看讲义、课件以及微视频等学习资源。线下课堂教学主要是学生与教师交流自学过程中的问题，由教师进行指导性的互动活动。教师还可以使用大数据技术个性化分析不同学生的作业正确率以及微课点击率等内容，帮助每一位学生建立属于自己的学习体系。对于高校数学课程来说，随着课程的不断进行，其知识难度以及学生的学习压力不断增加，导致部分学生在课堂学习的过程中无法跟随教师的教课节奏学习，无法独立消化所学习的课程知识，严重时甚至会出现对高校数学课程的抵触心理。线上线下混合教学模式的应用可以帮助学生对教学视频进行反复观看，在课前通过线上平台对所学知识进行预习，对自身不理解的知识点进行标记，从而在实际线下课堂教学过程中进行重点学习，提高学习效率以及学习质量，降低学习难度。

### （二）整合高校教学资源

高校数学课程知识内容的局限性较强，因而在开展实际课堂教学的过程中常常会出现教学方式单一以及课堂氛围枯燥的现象，使得学生的学习动力下降。线上教学模式可以帮助教师通过互联网对优秀的教学资源进行收集与整合，而信息化教育的主要内容便是对优秀的教学资源进行共用与共享。对于教师来说，可以将讲解完的电子课件上传至互联网。学生可通过互联网在线上平台浏览并下载优质的电子课件，使用碎片化的时间对教学资源进行学习与观看，这种学习方式不仅可以帮助学生掌握知识内容，还可以锻炼与提升学生的学习技能。

### （三）有利于课后复习

线上线下混合式教学模式可贯穿整个学习周期，将课前预期、课堂教学以及课后复习相融合，形成完整的闭环学习流程，提高教师的教学效率以及学生的学习质量。学生可以通过互联网对教师提供的预习课件或其他与课程相关的教学资源进行浏览与下载，参照这些教学资源开展课前线上预习工作。这种方式不仅可以帮助学生了解所学知识的大体内容，还可以帮助学生对不了解的知识以及重点

知识进行标记。在线下课堂教学的过程中，学生可以针对标记知识点进行重点学习与提问。教师通过针对性讲解可以帮助学生消除知识盲区。在课堂教学结束后，学生还可以浏览、下载教师上传至网络平台中的电子课件进行课后巩固、练习，从而提高对所学知识的掌握程度。

## 二、线上线下混合教学模式的实际应用

### （一）线上教学资源的准备

线上教学资源内容质量的高低以及丰富程度将对线上教学的开展成效造成较大影响，教师应重点做好线上教学资源的准备工作。首先，可以从网络中的各个平台下载其他教师上传的优质课件；其次，将自己录制的教学视频上传至相应的网络平台，帮助学生进行学习。录制、上传视频需要完成两方面工作，第一是制作教案、幻灯片、教学视频等数字材料，对关键问题和知识要点进行明确。此外，在对视频进行播放的过程中可对相应的作业练习题进行设计，引导学生对所学知识产生疑问，提高学生的学习积极性。第二是为学生提供相应的网络学习平台，学生可以使用互联网进行线上学习以及问题反馈。在准备线上教学资源的过程中，可针对学生的学习进度设置电子课件的难度。可使用梯形设计法来进行知识内容的设计，在整理好基础性知识的同时设置一些探究性知识，引导学生做好课前预习，帮助学生探索、启发思维。

### （二）学生线上自主学习

对于大部分高校学生来说，其拥有的碎片化时间很多，因此，可以提供线上学习平台以及线上学习资源来帮助学生开展线上自主学习。这种方式不仅可以减少课堂教学中理论知识的讲解时间，还可以有效提高课堂教学效率以及教学质量。学生在进行线上自主学习的过程中要进行自我思考，有效提高自主学习能力、问题分析能力以及资料阅读能力。学生在学习课件的过程中标记不理解的地方，通过线上学习平台向教师反馈，在实际的课堂教学中，教师对知识内容的重点以及难点进行讲解，不仅能减少教学压力，还能提高课堂教学效率。

### （三）师生线下互动教学

高校数学课程具有较多的理论性知识内容，抽象程度较高，只开展线上教学无法帮助学生提高对知识内容的理解与运用程度。所以在开展线上预习以及自学后，教师还应结合课堂讲解的方式来帮助学生了解整节课的知识内容。对于线下

教学来说，教师应着重于两个方面：第一，在进行课程基础知识讲解的过程中，应针对学生线上学习时所反馈的重点知识以及难点知识进行讲解，帮助学生了解与掌握重点知识内容；第二，在实际课堂教学的过程中应适当引入应用性知识拓展，针对实际应用问题设计课程内容，可以要求学生分组，使其合作解决问题，这种方式可以帮助学生对所学知识进行了解与掌握，训练创新能力以及知识迁移能力。

在完成课堂教学讲解后，教师还可以与学生进行交流与互动，讲解学生仍然不了解的知识点。在课下练习的过程中，教师可以针对性地布置一些具有代表性的题目，加深与巩固学生所学的知识。

# 第六章 高校数学教学的强化、提升与整合

本章为高校数学教学的强化、提升与整合，分别介绍了高校数学素质教育的强化、高校数学教学效率的提升、高校数学教学与现代教育技术的整合三个方面的内容。

## 第一节 高校数学素质教育的强化

### 一、素质教育与数学素质教育

多年来，关于素质教育的讨论全面展开。20 世纪 80 年代后期，我国在以往教育改革的基础上，提出了素质教育。20 世纪 90 年代初，关于素质和素质教育的大讨论开始并持续至今。素质教育是社会高度重视人民素质的产物，也是教育自身发展的必然趋势。

#### （一）素质教育及其本质和特征

我国对素质教育的研究开始于 20 世纪 80 年代早期，于 20 世纪 80 年代后期明确提出。近年来，它被定义为"为实现教育方针规定的目标，着眼于受教育者群体和社会发展的要求，以面向全体学生、全面提高学生的基本素质为根本目的，以注重开发受教育者的潜能，促进受教育者德、智、体诸方面生动活泼的发展为基本特征的教育。"① 因此，素质教育本质上是一种旨在提高全民族素质的教育。素质教育是一种更高层次、更深程度的教育。从某种意义上说，素质教育是全面发展的教育，是为实现人的全面发展而形成的一种新的教育理念。素质教育不是一种教育类别，而是一种教育思想。这些年来，我国素质教育思想的形成，经历了从注重知识传授和能力培养到注重人格健全和人的全面发展的过程。在这个过

---

① 胡国专.数学方法论与大学数学教学研究［M］.苏州：苏州大学出版社，2016.

程中，对素质教育有过各种各样的意见和表达，但应该说素质教育是针对学生的身心特点，用符合教育规律和学生身心发展规律的办法，对学生进行塑造和引导的教育，是全面提高学生的思想品德、科学文化和身体、心理、技能素质，培养能力、发展个性的教育，是通过教育活动发展人的主体性、创造性，提高主体的认识能力和创新能力的教育。

素质教育以提高全民族素质为宗旨，以促使全体学生全面发展为目标，以培养学生的创新精神和实践能力为重点，把德育、智育、体育和美育有机结合，统一到教育活动的全过程及各个环节之中，促使每个学生的素质得以全面提高。它是一种动态的终身教育观和终身学习观。素质教育不仅关注受教育者的眼前情况，还关注受教育者一生的发展。素质教育不仅强调受教育者的全面和谐发展，还尊重受教育者的个性差异，强调因材施教，不仅注重知识的传授，还注重受教育者对知识的运用和创新，是一种民主、开放的教育观。

1. 素质教育的本质

素质教育本质上是旨在提高国民素质的教育。这是从教育哲学的角度对教育层面的素质教育的定义，它将素质教育与其他类型的教育区分开来了。例如，它明确区分了素质教育和非素质教育。非素质教育的目标是"为考试而教，为考试而学"，在这个目标下，即使可以客观地使一些学生达到一定的水平，但它只能是片面的，是以牺牲其他方面的发展为代价的。素质教育必须面向所有学生，而非素质教育则侧重少数学生。素质教育为了提高人们的素质，所有有助于培养学生身心素质的学科和活动都受到了高度重视，强调整体发展潜力、心理素质培养和社会文化素养训练的整体教育。素质教育注重提高全体公民素质，通过连接和整合各级教育，促进每个公民的终身发展。素质教育中的"应试"与非素质教育中的"应试"有本质区别。非素质教育以"应试"为目的，通过不断灌输、不断增加学生负担等手段来对待考试，而素质教育中的"应试"只是一种考验、一种反馈和锻炼，重在提高所有学生对待考试乃至生活中各种考验的能力，并培养学生的心理素质，这种能力和心理素质必定要以学生对知识的主动探索、深刻理解、融会贯通并能熟练运用为坚实基础。素质教育不是不参加考试，也不是害怕考试，在学生的整体素质提高后，考试对他们来说只是一项普通的书面作业罢了。

素质教育中"以人为本"的"人"是指每个活生生的人，生活在现实社会中的人，是人的完整的存在方式，是人的理性与非理性的统一。素质教育充分肯定每个学生都有相同的受教育权，每个人都有机会去实现自己的人生价值，每个人都有成功的机会和自己的道路，因而尊重每个人的学习风格和做事方式。这样的"以人为本"已经包含了社会的长远要求和根本利益。

2. 素质教育的特征

第一，素质教育具有主体性。素质教育的主体性体现在教育必须以人为本。也就是说，教育必须始终尊重、理解和信任每一位学生，因为学生是"素质"的承担者和体现者，学生是教育过程中的重要主体，素质教育必须注重弘扬人的主体性，提高学生的主体意识，培养学生的主动性，促进学生生动活泼地成长，帮助学生建立自信和充满活力的人生。事实证明，素质教育的主体性要求素质教育注重开发学生的智慧潜能，强调教师的任务不仅仅是传授知识，最重要的是教活知识，努力培养学生的认识能力、发现能力、学习能力、生活能力、发展能力和创造能力。

第二，素质教育具有全面性。素质教育的全面性有两个含义：一是教育对象的全面性；二是素质教育内容的全面性。教育对象的全面性是教育不是针对某些学生，而是面向全体学生，平等地对待学生，这意味着素质教育是一种使每个人都能在自己原有的能力基础上获得发展的教育，能使每个学生在自己的天赋所允许的范围内得到充分发展。

第三，素质教育具有基础性。素质教育的基础性是指基本素质的教育。当今社会，素质教育的基础性就是要为学生打下做人、做事以及成才、成事的素质教育基础，从而以不变应万变。从这一意义上说，素质教育向学生提供的是基本素养，既不是为"深造"做准备，也不是为"就业"做准备，而是为学生的"人生"做准备。

第四，素质教育具有内在性。素质是学生主体内在的东西，素质教育的目的是尽一切可能将环境、教育等一切客体的外部东西内化为学生的内在品质，这有利于学生的发展。为什么学生中存在高分低能的现象？主要原因是"内化"问题没有得到很好的解决，所获得的知识并没有内化在自己的"素质"中。面对世界经济发展带来的机遇和挑战，我国政府提出了科教兴国战略，培养高素质的人才就应当放在各级各类学校教育目的的首位，素质教育成为学校各项任务的重中之重。

第五，素质教育注重讲概念、讲为什么与讲应用。素质教育注重讲概念，即对结论、理论、定理、公式中的术语要讲清楚。概念是思维大厦的基础，没有明确的概念，学生就不可能有清晰的想法和正确的思考。长期让学生在似懂非懂的概念中思来想去，只会养成学生不求甚解的坏习惯，这不利于提高他们的学习能力和判断能力。素质教育与非素质教育最大的区别在于，前者强调"为什么要知道"，而后者只满足于"了解它"。注重讲"为什么"可以帮助学生养成好思考、好问的习惯，这种习惯是知识之源和能力之源。抓住这个"源"，就抓住了素质教育的关键。素质教育注重应用，教了某项知识或某个公式、原理、原则之后，就要结合相关实例进行练习与应用，通过应用体验成功的喜悦，同时学生的素质也得到了提高。

## （二）数学素质教育及其内涵

随着人类社会文明的发展和需要，人们将数学视为所有科学的语言。数学是打开所有科学之门的关键，是思想的工具、是创造的艺术。数学逐渐被视为与自然科学和社会科学平行的科学。正如中国科学院院士王梓坤先生在《今日数学及其应用》一文中所说："数学的贡献在于对整个科学技术，尤其是高新技术水平的推进和提高，对科技人才的培养和滋润，对经济建设的繁荣，对全体人民科学思维的提高和对文化素养的哺育。"[1]数学已成为现代社会的文化，数学观念影响着人们的生活和工作。

现代数学在社会发展与变革中发挥的作用越来越大。自20世纪60年代起，诺贝尔经济学奖有相当大一部分由数学家获得。美国华尔街上从事金融及证券分析的人大部分是学数学的。两院院士、有"当代毕昇"之称的王选教授是北大数学系毕业的，他手下八大干将有五位是数学博士。以上这些事例说明数学学习造就高素质人才，对人一生的发展都有正面影响。

数学素质教育于1992年12月在宁波数学会议上被首次提出。本次会议的一项重大成果就是《数学素质教育设计（草案）》，它定义了数学素质，将数学素质分为数学意识、问题解决、逻辑推理和信息交流四个部分。同时，认为数学素质教育是指尊重学生在数学教育教学中的主体性，发掘学生潜力，培养学生的各种数学能力，为其未来的发展提供坚实的数学基础。从教育的主要目标和相应的教学行为来看，大学数学教育的灵魂是数学素质。数学素质是人认识和处理数学规律、逻辑关系及抽象模式的悟性和潜能。数学素质教育则是通过系统的数学教学来启发学生的这种悟性，挖掘这种潜能，从而达到培养学生能力、开发学生智力的目的。

---

① 王梓坤.今日数学及其应用（下）[J].知识就是力量，1998，（07）：46-47.

数学是探索现实世界中抽象的数量关系和空间形式的科学，是所有自然科学的基础。数学能为其他科学提供信息、观念和方法，几乎所有重大科学的发现都依赖数学的发展和进步。数学也是所有重要科学技术发展的基础，计算机的发明就是最好的证明。数学还是人类文化的重要组成部分，在教育方面具有特殊的地位；数学是锻炼思维的体操，在提高人的逻辑推理能力、分析批判能力、空间想象力和创造力上具有其他学科不能替代的作用。

数学素质教育应注重数学素质的培养，包括三个基本要素：思想道德素质教育、科学文化素质教育和生理心理素质教育。其中，科学文化素质教育进一步分为三个教育要素：数学基础知识、数学思想方法和数学能力。这几大教育要素相互联系、相互渗透、相互促进，形成了一个完整的统一体，共同促进数学素质的形成和发展。

### 1.思想道德素质教育

数学素质教育应把学生的思想道德素质放在突出位置，培养学生良好的学习习惯，促进学生全面发展。思想品德是数学素质教育的重要组成部分。数学在人类文明中一直是重要的文化力量，它不仅在科学推理、科学研究和工程设计中必不可少，也决定了大多数哲学思想的内容和研究方法。随着社会的发展，数学对人类文化的影响由小变大、由弱变强、由隐藏变开放、由自然科学过渡到社会科学。数学教育具有提高一个人思想道德水平的功能，思想道德对数学素质的形成具有积极的促进作用和有力的保障作用。

数学是人类社会实践的结晶，是无数劳动者创造的精神财富。有必要运用数学美、图形美、符号美、科学美和奇异美，培养学生的心灵美、行为美、语言美和科学美。要使学生在学习解题时，形成冷静、沉着、严谨的处事风格，形成创新意识。

### 2.科学文化素质教育

数学素质教育应将文化素质教育与专业素质教育相结合，形成数学素质教育的核心。数学基础知识教育、数学思想方法教育和数学能力教育是数学素质教育的核心，也是课堂教学的中心内容。

（1）数学基础知识教育

以往的教育更多运用的是题海战术，往往会僵化学生的思维。素质教育应加强数学概念和数学命题的教学，注重概念形成的过程和定理、公式的推理过程，重视数学知识的形成、发展与问题解决的过程。教师力求讲精、讲透、讲活，使学生在掌握数学知识结构的过程中形成良好的数学思维，通过探索学习新的知识，解决日常生活或其他学科中的问题。

（2）数学思想方法教育

首先，必须重视数学思想的教学。数学思想是数学的基本观点，是数学知识中最重要的组成部分，具有主导地位，是分析和解决问题的指导原则。我们要领会的数学思想，包括化归、函数和方程、符号化、数式结合、集合与对应、分类与讨论思想等。其次，要加强数学基本方法的教学。数学思想方法是数学思想的具体化，也是解决问题的工具，如换元法、分步法、常数变易法等变换方法，截痕法、伸缩变换法等映射反演方法。最后，要加强数学思维方法和逻辑方法的教学。学生必须具备数学思维方法，这是一种思考和解决问题的方法，包括分析法、综合法、比较法、类比法、归纳法、演绎法等。在数学教学中，要培养学生的数学观念和数学思维品质。数学观念是指利用数学观点来理解和处理周围的事物，用数学思维方法来看待问题。思维品质是指思维的准确性、严谨性、灵活性和创造性。数学思维包括逻辑思维、形象思维、直觉思维、发散思维、逆向思维、批判性思维和创造性思维。数学思维品质对数学素质的发展和提高起着至关重要的作用，培养良好的思维品质是数学素质教育的基本任务，良好的数学素质将使学生终身受益。

（3）数学能力教育

现如今，公认的数学能力主要是计算能力、判断推理论证能力、抽象和概括能力、数学学习和创造能力四项能力。根据现代科学的需要，各阶段学生必须具备学习和应用计算机等信息科学的技能。让学生学会学习是现代教育的主要目标之一，也是素质教育的主要任务之一，它是学生可持续发展的保证，也是发展和提高学生数学素质的重要因素。未来的文盲不再只是不认识字的人，而更多指不会学习的人。数学能力是人类利用数学文化解决实际问题的实践能力和创新能力。它是一项综合技能，包括有关数学的基本技能、运算能力、逻辑思维能力、空间想象能力和应用能力。提高学生的数学能力是时代发展对数学教育提出的新要求，这也是大多数数学教育工作者的使命和责任。

3. 生理心理素质教育

一个人的心理素质是由他的心理活动所反映出来的，包括智力因素和非智力因素。

（1）智力素质教育

智力素质是心理素质教育的重要组成部分。在数学教育教学中，侧重培养学生的观察力、记忆力、思维力和想象力，其中，思维力的培养是重中之重。在数学教育的各个阶段，要把学生思维能力的发展放在一个重要位置，使学生逐渐形成良好的思维品质，从直觉思维、形象思维过渡到逻辑思维和辩证思维，学习思维策略的辩证运用。

（2）非智力素质教育

非智力素质对数学素质教育来说是不可或缺的。实践证明，导致学生两极分化的主要原因是非智力因素的发展存在差异。因此，数学教学中学生非智力素质的培养应从四个方面入手：激发兴趣、激发动机、建立情感、增强意志。情感会对学习者成功与否产生直接影响，并对数学素质的其他方面具有制约作用。情感因素包括学习动机、学习态度、学习兴趣、自信心和意志等。数学情感还包括"数学精神"，即一个人对数学坚韧不拔的探求精神和对数学美的领悟、鉴赏能力等，是学习、研究数学的内在动力。

### （三）数学素质教育与素质教育的关系

美国西点军校把许多高校的数学课作为必修科目，这样做的目的不仅是因为在实战指挥中要用到数学知识，更重要的是企图通过严格的数学训练，使学生在军事活动中将特殊的活力与灵活性相结合，为他们驰骋疆场奠定坚实的基础。英国教育部要求律师在大学必须学习数学。这是因为经过严格的数学训练，可以培养坚定、客观、公正的品格，形成严谨而精确的思维习惯，这对律师事业取得成功有很大的帮助。数学作为一种文化，是人的综合素质的重要组成部分。

我国对数学教育也极为重视，中考、高考必考的一门科目就是数学，且所占的比重较大。进入大学的学生，数学几乎都是必修课。近年来，特别是在大学，全国性的数学建模竞赛与大学生数学竞赛越来越受到人们的重视。要强调每个人都学习有价值的数学，每个人都得到必要的数学教育，不同的人在数学上有不同的发展。从表面上看，数学素质与人的基本素质无关，但仔细一想，我们从小就学习数学，直到上大学，数学一直相伴左右，长达十多年的数学学习培养了我们的数学素质，也形成了相应的基本素质。数学素质可以影响人们的基本素质，数学思想中转化和演绎、概括和抽象、分析和综合、严谨和灵活、有限和无限等辩证思维方式有利于培养人们健康向上的心理素质，有利于正确理解和运用法律武器为社会和自身服务，有利于帮助人们形成正确的行为规范，从而提高政治思想觉悟，保持良好的道德水准。

数学素质教育是教育质量的核心和基础。要有良好的素质，就必须具备良好的数学素养，掌握扎实的数学基础知识，为终生可持续发展打下了良好的基础。数学基础包括两个方面：一是数学的基本概念、方法和原理，如数学中的定义、公式和法则等；二是数学中基本的数学语言、数学思想，如过程、思考和个人感受等。对于大学生而言，因专业的不同，必备的数学基础知识是分层次的。大学生一般要学习高等数学、线性代数、概率论与数理统计这三门称为大基础的数学课程，其中理工科大学生根据专业不同可能要学运筹学、离散数学与模糊数学，理科的学生还得进一步学习数值分析与随机过程等。这些相关课程的学习一方面是因为专业学习的需要，另一方面是因为这些课程的学习能为大学生的专业发展与个人发展打下良好的基础。

作为所有自然科学的基础，数学为人类提供了探索自然秘密的语言和工具。计算机的发明改变了数学的地位，计算机的广泛使用使数学不再仅仅通过其他科学应用于技术，而是直接应用于不同的技术中。例如，指纹识别系统、石油地质勘探、地下核试验等，数学模拟计算取代了许多成本昂贵的实验。数学计算已经发展成为面向科学实验和理论推导的科学方法。数学是一个大有潜力的资源，越来越多地被使用，如金融数学、生物数学、计算材料、生物信息、信息安全和风险分析等。数学的价值及其发展使数学的科学地位日益提高，是否具备一定的数学素质在大学生的科学素质评价中占据重要的地位，决定着大学生科学素质的高低。

高校数学教育重在提高学生的数学技能。高校数学教育是实现素质教育的重要途径。高校数学教育不仅要提高学生的数学素质，还要为其他学科学习提供必要的基础，为学生参与社会生产、生活和进一步学习打下坚实的基础，更要对学生进行思想道德教育，使学生形成良好的个性品质。教学方法是影响教学质量和确保素质教育实施的关键因素。因此，要改进教学方法和教学手段，规范教学方法的选择和使用。众所周知，人的素质与人类活动密不可分，能力只能通过反复练习才能形成，能力只能在相应的活动中发展，意志品质也只有在实践中才能得到磨炼，数学知识的获得既需要外显的实践操作活动，又需要内隐的数学思维活动。

具备良好的数学素质，如思维的敏捷性、灵活性、思考问题的周全性、办事的果敢性等，对大学生进入社会自主创业起着重要的作用。理工科学生未来主要从事自然科学研究，而数学是自然科学的基础和工具，必须让理工科学生熟练掌握。理工科学生应掌握一定的数学基础知识，具备数学运算能力、逻辑推理能力和辩证思维，掌握数学技能和方法，并能将知识灵活地应用于相应的专业领域。

大学教育的专业性决定了素质教育应以培养学生的专业素质为特征。大学生当前的学习和未来工作与专业教育密切相关，并在专业活动中表现出来。高等教育的专业性和学生成长的特点决定了学生的素质教育应以培养学生的专业素质为特征。这种学科特质和专业倾向性最先表现为人的整体素质结构中与学生未来从事的职业密切相关的某一素质要素的强化。例如，美术专业的学生对事物的颜色敏感，音乐系的学生对声音的节奏敏感等。大学教育的专业性和学生身心发展的阶段性特征决定了学生素质教育应以创新素质的培养为核心。大学生通常是 17 岁以上的青年，他们的身心发展基本成熟，抽象思维能力的发展达到了一个新的水平，其思维具有深刻性、批判性。这为提高大学生的创新素质奠定了基础。

大学的数学课程主要包括高等数学、线性代数、概率论与数理统计，是中国普通高校学生的必修课。社会的发展趋势和人才市场的需求对高校数学教学提出了更高的要求。只有通过数学素质教育才能真正培养和提高学生的数学素质，才能培养出更多具有创新精神和实践能力的人才。大学数学教育的成败将直接影响未来所需人才的整体素质。可以说，数学素质在大学生综合素质中起着积极、富有成效的作用，在某些方面甚至起着决定性的作用，数学素质教育对今天的素质教育也有不可估量的促进作用，能使素质教育的发展速度更快、更全面，从而使受教育者得到全方位的发展。反之，素质教育的效果也会影响数学素质教育，如身体、心理、人格等素质的发展会影响到数学素质教育的效果，甚至使数学素质教育的效果严重打折，因此它们之间是相辅相成的关系，通过数学素质的教育可以促进素质教育的发展，最终培养当今科技高速发展所需的高素质人才。

未来的社会充满了挑战，现代化的快节奏和科技进步使社会发展速度较快，同时给人们带来了一定的负担。没有过硬的素质，就很难适应时代变化的需要。全面推进素质教育，努力培养创新人才，推进高质量的数学素质教育，是国家经济、社会发展的客观需要。高素质、全方位人才的培养已成为一个必然的时代趋势。

## 二、方法论视角下的高校数学素质教育

### （一）树立以数学素质教育为首的指导思想

数学思维是对数学知识的本质认识，对数学规律的理性认识是从某些具体的数字内容和对数学的认识过程中提炼升华的思想观点，在认知活动中被反复使用，具有普遍意义，是建立数学和用数学解决问题的指导思想。而数学思想的体现必须依赖数学知识，往往体现在数学知识的形成过程中。事实上，掌握数学思想是数学素质的标准之一。因此，数学教育必须重视数学思想方法的教学。

1.数学思想是提高数学素质的重要保证

数学思想性强的教学设计是进行高质量教学的基本保证。随着新技术手段的现代化、学生知识面的拓宽，他们提出的许多问题有时教师难以回答。面对学生提出的问题，教师只有达到一定的数学思想深度，才能准确辨别各种问题的症结，给出中肯的分析，才能给出生动的陈述，把抽象的问题形象化、复杂的问题简单化，才能敏锐地发现学生的思想火花，找到闪光点并及时加以提炼升华，鼓励学生大胆探索，吸引更多学生，使他们积极参与教学活动，真正成为教学过程的主体，最终提高数学教学质量。

要提高学生的数学素质，教师自身要有过硬的数学素质。作为数学教师，必须不断获取新知识，接触新的知识领域，学习新的思想方法，不断更新知识结构，拓宽知识面，增强人文修养，特别是数学素质和能力，同时在教学过程中，加强数学应用性教学，培养学生数学建模和联系实际的能力，培养学生的实践意识。另外，还要加强现代教学方法的使用能力，特别是计算机辅助教学的技能。培养学生数学素质的关键是教师。为了能够胜任素质教育的重任，高校教师必须集中精力进行必要的科学研究和学习。只有这样，才能深化对数学的理解，才能理解数学的本质，掌握教材的重点和难点，以易于理解的方式将知识传授给学生，并在教学中将最新的科研成果介绍给学生。

教师要研究教学内容中的数学思想。如果数学教师没有讲清定理与公式中诸因素之间的联系，没有帮助学生弄清得出这些必然结论的思维过程，那么学生学到的就不是使用知识的能力，而只是其他人的结论。中国学生的数学和物理水平普遍高于外国的学生，但许多学生学到的不是解决问题的能力，而是一些关于公式和定理的概念。这种教育不是素质教育。使用各学科的材料来强化学生的逻辑思维训练，不仅是培养学生逻辑思维能力的必要条件，也是培养学生创新能力的

必要条件。逻辑思维强调理性、客观性、规则和步骤。创新则需要充分发挥想象力，打破常规。要创新就要广泛接触事物、接触知识，就要在各种各样的事实或现象面前，善于包容、吸收、整合，使自己能够超越定式逻辑思维的局限，在扩大了的视野中找到解决问题的新方法、新技术，发现事物的新性质、新用途，这是一种多维思考的能力与习惯。

注重形象思维功能的发展。在现代数学教育中，演绎推理的训练似乎过于片面，把学生的注意力都吸引到了形式论证的严格性上去，这对培养学生的创造力不利。当然，必要的逻辑推理训练是不可或缺的，但发现和创新比命题论证更重要，因为一旦发现真相，论证通常只是时间问题。创造发明的决定性思维形式在于形象思维，形象思维包括几何思维和直觉思维。

有些人把数学教学质量理解为学生思维活动的质与量，即学生知识结构、思维方法形成的清晰度和他们参与思维活动的深度和广度。我们可以从"新、高、深"三个方面来衡量数学的教学效果。"新"指学生的思维活动要有新意，"高"指学生可以通过学习形成一定高度的数学思想，而"深"则指学生深入参与教学活动。有思想深度的课会给学生留下长久的思想震撼和对知识的深刻理解，在未来的研究和工作中，他们可能会忘记数学知识，但这种思考问题的方法将永远记得。数学教育的主要目标是通过数学知识和概念的传授，通过数学思想的传授，让学生形成"数学头脑"，在观察问题、提出问题和解决问题的过程中带有鲜明的"数学色彩"，这样的数学才真正具有有效性，能提高人的素质。

在数学思想的教学中，教师要潜移默化地启发学生领悟和体会数学思想，把握教学的契机，切忌生搬硬套，陷入形式主义，要充分挖掘数学思想方法。数学教学的内容包括表层的数学知识和深层的数学思想，思想通常隐藏在教材知识之间，因此教师在钻研教材的过程中应充分挖掘数学思想，考虑哪些具体的内容突出了哪些数学思想，力求做到心中有数。

数学知识的形成过程往往是数学思想的体现过程，如概念的形成过程、解题思路的寻找过程以及归纳推理的过程。正是因为这些过程中蕴含着数学思想，数学课堂才没有成为重复无聊练习的简单积累，因此要让学生在课堂中充分参与思想的形成过程。在总结反思中深化和升华数学思想是对知识融会贯通的理解和升华。一方面，教师应该对数学思想方法有一个合理的总结，使学生对数学思想有一个清晰的认识；另一方面，有必要让学生养成总结思考的习惯，建立自己的"数学思想方法体系"，运用数学思想方法来解决问题。

问题的解决是学习数学的最终目标，一方面，要让学生在问题解决过程中感悟和积累数学思想；另一方面，要让学生自觉地将数学思想用于问题的解决过程中，培养数学观念，提高思维的品质，完善学生的认知结构。

2. 以数学思想为主导的教学是数学素质教育的重要体现

数学素质是数学教育的灵魂，是素质教育的核心与基础。因此，在数学教学中，数学教师要重视学生数学技能的提升，全面提高学生的数学素质，从而培养出21世纪的创新型人才。为了提高大学生的创造性思维能力，有必要运用数学思维方法进行数学教学。

数学思想是数学知识的精华，如分析和归纳、模拟和联想、直观和演绎、线性化、离散化等都是一些重要的数学思想。学生必须学会用"数学思想"来观察问题、提出问题、思考问题，感受和理解数学知识的发现过程，从而提高学生对数学学习的兴趣，唤醒对知识的渴望。在数学教学中，教师应大胆地让学生进行探索、猜想，特别是在课堂教学中，要杜绝"中心主义"，应让学生发表不同的意见，哪怕是错误的想法。数学问题的解决方法千变万化，奇妙无穷，即使是有丰富教学经验的教师也不能穷尽所有的解法。在数学教学过程中，教师要精心设计问题，通过一题多解、巧解、解法的最优化等教学策略，有效地培养学生的创造性。

数学素质教育包括基础知识、数学思想方法、数学应用技能、数学观念品质等方面的教育。基础知识是最基本要求，要求教师对教材上的知识有一个全面和深入的理解。数学教材中各个部分的知识既相对独立又相互联系。理解这些数学知识的发展过程有助于培养学生发展数学观念，激发他们的创新欲望、求知欲望，并逐渐转化为自身的数学素质。

在教授基础知识时，要充分说明知识形成与发展的过程，探索其中所包含的数学思想和方法，注重知识在整体教学结构中的内在联系，揭示思想方法在知识互相联系与互相沟通中的纽带作用，总结数学知识体系构建中的教学思想和方法，揭示思想方法在科学系统的知识结构形成过程中的指导作用。

实施数学素质教育的主要渠道是课堂，提高其教学质量和效率是进行素质教育的关键。数学思想教学的运用对提高课堂教学质量和效率具有重要意义。数学教材中包含许多数学思想和哲理。数学思想方法是隐性的、本质的知识内容，因此教师需要深入钻研教材，探索相关的思想方式。首先，明确学生把握数学方法到什么层次，是了解、理解、掌握，还是灵活运用；其次，从教学目标的确定、问题的提出、情境的创设到教学方法的选择，整个教学过程都要精心设计，做到有意识、有目的地进行数学思想方法教学。数学素质教育的目的是将这些思想和思维方式转化为学生自己的意识思维。这就要求教师要充分运用各章节知识中包含的数学思想，了解这部分教材知识的来源和发展，进一步分析数学思想及其应用，以确定素质教育的方向。

以数学思想为主导的教学是数学素质教育的体现。它不仅注重教授基本技能和基本方法，而且面向所有学生，目的是培养他们的数学思维和数学观念，以提高数学教学质量。在组织教学的过程中，应始终将数学素质教育视为指导思想。根据实际情况，因材施教是数学思想的体现，数学知识结构是变化和发展的整体，对于不同的专业要求、不同的学生群体，所需的知识深度是不一样的。在教学过程中，数学思想教育以培养学生的素养为目的，应根据实际需求，结合不同专业实际，提高学生的数学运用能力。

3. 用富含数学思想方法的教学方法培养学生的数学素质

数学教育应突破"重知识轻能力，重分数轻素质"的传统观念和模式，树立数学是第一生产力的思想。数学教育中最重要的是数学思维教学和思维开发，其次是数学知识，至于计算或证明的具体过程和一些细节，可以让学生自己学习，让学生在理解思想的基础上自己完成。

数学思想方法是数学的灵魂，是数学学习的指导思想和基本策略，是数学学习的目的和手段。法国数学家伽罗瓦率先研究了置换群，用群论方法确立了代数方程的可解性理论，解决了求解一般形式代数方程根式解的难题；解析几何的创立实现了形数沟通、数形结合及互相转化；对应的思维方法解决了无穷集元素多少的比较问题，可以根据"势"将无穷集划分为不同的"层次"；等等。数学的发展绝不仅仅是材料和事实的简单积累和增加，而必须有新的思想方法参与才会有创新，才会有发现和发明。因此，从宏观意义上来说，数学思想方法是数学发现、发明的关键和动力；从微观意义上来说，在数学教学和数学学习中要再现数学的发现过程，揭示数学思维活动的一般规律和方法。只有从知识和思想方法两个层面出发去学习，掌握系统化的知识及其蕴含的思想方法，才能使学生形成良好的认知结构，最终提高学生的各方面能力。

数学思想是数学内容的进一步提炼和概括，是以数学内容为载体的对数学内容的一种本质认识。因此，数学思想方法是一种隐性的知识内容，可以通过反复的体验来理解和应用。数学思想方法是处理和解决问题的一种方式、途径和手段，必须通过数学内容才能反映出来，并且可以在解决问题的不断实践中理解和掌握。数学思想方法主要有以下三个方面的作用。

①培养抽象的概括能力，即培养从某些材料、数量关系、图形、结构中提取共同的本质的东西并加以联系和推广的能力。例如，在导数概念的教学中，从物理上变速直线运动物体的瞬时速度与几何上切线的斜率两个实例中抽象出增量比的极限这一本质属性的过程。又如，在级数知识的教学中，展现刘徽"割圆术"中化圆为方的极限思想。

②培养正逆向思维转换的能力，即从综合法向分析法、原命题向逆命题、直接法向间接法转换的能力。具体做法：向学生渗透"世界上的一切事物在一定条件下可以转化"的辩证唯物主义观点，并加强反证法的训练，注意问题转换的教学，如恰当改变习题条件、结论，形成新题型。实践证明，一题多解、一题多变、对比辨析是训练思维灵活性的有效方法，可以培养发现思维、发散思维、创造性思维等。

③培养空间想象能力，即培养学生分析、处理和改变头脑中客观事物的空间形态、位置关系的能力。要注意的是，除了几何之外，空间想象能力也可以在数学教学中培养。例如，根据图像研究函数的性质等。总之，由于数学思想方法是基于数学知识又高于数学知识的一种隐性的数学知识，因此学生需要通过反复的体验和实践才能逐渐认识和理解，并将其内化为认知结构中对数学学习和问题解决具有程序性知识的稳定成分。对此，合理的教材内容和高质量的教学设计是数学思想方法实施的基础和保证。作为教师，要为学生提供良好的学习环境，充分体现"观察—实验—思考—猜想—证明"这一数学知识的认识、理解和创造过程，展现知识的提出过程、探索过程和解题过程。

## （二）促进数学学习正迁移的发生与发展

迁移是一种心理现象，是一种学习对另一种学习产生的影响，学习可以迁移。20世纪60年代，美国心理学家布鲁纳将迁移作为教育的核心。后来，迁移逐渐受到不同国家的心理学家和教育工作者的关注，甚至认为这是教育和教学的原则，提出"为迁移而教"。我们的教学就是教导学生将学到的理论和技能应用到新理论的研究中，并将其应用于实践中解决实际问题。这种类型的应用程序便是迁移，迁移就是举一反三、触类旁通。可以想象，如果一个学生在一种场合下学会的知识、技能在另一种场合下不会应用，这样的教学是失败的。所以，教学就要研究迁移，没有迁移也就没有学习，从这个意义上说，教学就是教迁移。

学习的效果有时是积极的，有时是消极的。能够促进不同类型学习的学习称为积极迁移（也称正迁移）；扰乱或抑制学习的学习称为负迁移。思维定式可以促进积极迁移的出现，也可以促进负迁移的发生，这主要取决于既定情况和待解决的问题是否相容。如果将定式调整为要解决的问题，则发生正迁移，否则发生负迁移。在数学学习中，经常发生积极迁移现象。例如，学习矩阵的知识有利于学习行列式，学习一元微积分有利于学习多元微积分等。

1. 数学学习迁移的作用

数学学习的迁移存在整个数学教学系统中，其在数学学习中的作用主要表现在以下两个方面。

①数学学习的迁移在不同的数学技能之间建立了更广泛和更强的联系，使其具有广义性和系统性，并形成了具有稳定性、清晰性和可用性的数学认知结构。数学知识的应用过程在迁移的影响下组织和重组现有的数学认知结构，并提高其抽象概括程度，可以使其更加完善和丰富，形成稳定的调节机制。

②数学学习的迁移是将数学知识转化为数学技能的关键。数学的"双重基础"是数学活动调整机制中不可或缺的因素，也是数学能力的基本组成部分。作为个体心理特征，数学能力是一种稳定的心理结构，能够有效地规范数学活动的进步。它的教育不仅取决于数学和技能的知识，还取决于这些知识和技能的持续概括和系统化。掌握数学知识和技能是在知识和技能的新互动过程中实现的，因此必须有迁移。此外，数学知识和技能的类比只能在迁移过程中实现。

2. 影响数学学习迁移的因素

数学教学为实现最大限度的正迁移，减少负迁移，需要明确影响学习迁移的因素。

（1）数学学习材料的相似性

迁移需要对新、旧知识中的经验进行分析，抽象、概括出其中共同的经验成分才能实现。因此，数学学习材料必须在客观上具有相似性。心理学研究表明，相似程度决定了迁移的范围和效果的大小。如果两个材料很像，就可能产生正的迁移，否则就不会。学习内容的相似性是由所有学习的知识一起决定的，共同因素越多，就越相似。所以，在教学的时候，教师要注意是否有一样的因素，借助共同因素促进迁移，提高学生的学习效果。

（2）数学活动经验的概括水平

数学学习的迁移代表了学习中学习数学活动的经验对不同学习形式的影响，

因此数学活动经验的泛化程度对迁移的影响重大。一般来说，泛化程度越低，迁移程度越低，迁移效果越差；泛化程度越高，迁移的可能性越大，效果越好。在数学研究中，我们应重视对基本概念和基本原理的理解，并高度重视对数学思维方法的掌握，其意义在于这种知识可以概括，并且可以实现广泛而有效的迁移。

（3）数学学习定式

定式也被称为"心向"，即在某些活动之前并指向特定活动的准备状态。集合本身是在某些活动的基础上形成的，是一种选择活动方向的趋势，这种趋势本身就是一种活动体验。由于定式是选择活动方向的趋势，定式的影响可以促进和阻碍迁移，所以后续工作若与以前的工作类似，那么定式通常可以鼓励学习。在数学课上，我们经常利用建构的作用，逐步安排一系列具有一定变化性的问题，鼓励学生掌握一些数学思维方法。如果要学习的知识看起来是相同的，但与预知的性质不同，或者它是相似的但需要修改，那么定势会产生干扰效应，使思维僵化、解题方法固定化，从而阻碍迁移。因此，为了克服定式所造成的负迁移，应当使知识的学习与其使用条件的认知结合起来，根据具体条件灵活应用知识的训练。

（4）学习态度与方法

当对学习活动持积极态度，学生将形成有利于学习转移的心态，并积极地将知识和技能应用于新的学习，学习迁移便可能在不知不觉中发生；相反，消极的学习态度不会积极地从已有的知识经验中寻找新知识的连接点，学习迁移便不会发生。另外，学习方法也会影响学习转移，掌握学习的灵活性有助于学习迁移。

（5）智力与年龄

智力在学习转移的质量和数量中起着重要作用。具有较高智力的学生可以更容易地找到两种学习情境之间的共同元素或关系，并且更顺利地将先前学习的学习策略和方法用于后续学习。年龄也是影响学习转移的一个因素。由于不同年龄的学生有不同的发展阶段，所以学习转移的条件和机制是不同的。认知结构学习理论告诉我们，数学学习的过程是数学认知的过程，其本质是发展和改变通过同化和适应实现的数学认知结构的过程。数学思想和方法在数学的认知结构中起着非常重要的作用。

3. 促进正迁移的数学思想的教学方法

（1）努力揭示教学内容的逻辑联系，实现正迁移

数学的逻辑严谨性是其特征之一。逻辑决定了数学知识与新旧知识之间的联系是实际迁移的基本规律，因此数学的每一章节、每一单元之间的联系都应该在

教学中揭示出来，使当前的知识成为后来知识的基础，使后继的知识成为先前知识的延伸和发展，以促进正迁移的实现，使学生能做到举一反三、触类旁通，获得事半功倍的效果。

（2）揭示公式之间的异同，促进迁移，防止干扰

心理学研究表明，共同成分是导致迁移的重要因素之一。因此，在数学课上教师要认真学习教材，阐明新旧知识的异同点，运用模拟和归纳转换的方法促进迁移，防止干扰的发生。例如，在教授不定积分时，首先引入原函数的概念，使学生了解积分与微分的互逆性，引起原有知识的共鸣，促进迁移，防止干扰。心理学研究还表明，如果反应因素是恒定的，不论刺激是否改变，迁移都可能发生并随着刺激的强度而改变；当刺激是恒定的，反应的变化就会经常产生干扰。可见，当学生在求解不定积分时，他们用到的公式均为微分公式的反向运用，其主要原因是刺激措施没有变化，但反应已经改变，这种反应改变，教师没有特意强调，刺激没有得到加强，结果就出现了将微分公式与积分公式混淆的现象。因此，改变应对措施应着重于加强激励措施。

（3）数学学习中的同化与适应的合理应用

同化意味着主体将新的数学学习内容结合到其原始的认知结构中，并不是整体接收，而是处理和转换新的数学材料，让它类似于原始的数学认知结构。那么，如何处理新的数学材料以符合原始的数学认知结构呢？可以任意、盲目处理以实现这一目标吗？显然，这种处理应该有明确的方向和目的，应该在某些因素的指导下进行。数学认知结构有三个主要因素：数学基础知识、数学思想方法和心理成分。数学基础知识显然没有思想和主动性的特征，不能控制"加工过程"的进展，就像材料本身不能成为产品本身一样。心理成分仅给予受试者欲望和动机，并代表受试者的认知特征。它不可以实现"加工"过程，因为它只有生产理念和生产工具，没有设计理念和生产技术。数学思想方法对"处理"负有主要责任。它不仅提供了思想战略，而且为实现目标提供了具体手段。数学的转变就是实现新旧知识的同化。

数学学习中的适应意味着如果主体的原始数学认知结构不能有效地吸收新的学习材料，则主体需要适应或转换原始的数学认知结构以适应新的学习材料。原始认知结构的这种转变不是盲目进行的，其与同化过程的分析一样，必须在数学思维方法的指导下进行，这种方法偏离数学思维方法，是不可理解和不可能的。学习基本原则的目的是确保记忆的丧失不是完全丧失，遗留下来的东西允许我们在需要时重新考虑问题。明智的理论不仅是理解现象的工具，也是以后记住这种

现象的媒介。作为数学的一般原则，数学思维对数学学习至关重要。对于学生，无论他们将来做什么职业，只有将数学思想、数学思维和研究方法深深植根于他们的思想中，才能使他们受益。心理学家通过实验证明：学习转移的发生应有一个先决条件，即学生必须掌握原理，形成类比，然后再进行具体的、类似的学习。分析、归纳、类比等数学思维方法以及数形结合、分类、讨论和转换等数学思想是摆脱思维困境的武器和指导方针。运用数学来控制知识和方法的灵活运用，实践多种解决方案，可以培养学生思维的发散性、灵活性和敏捷性，灵活地适应练习，促进和推动深刻、抽象的思维；重新思考并评估解决方案的简单性，不断提高思维质量，培养思维的严谨性和批判性。由相同数学问题的多角度研究触发的各种关联是几种解决方案的思想来源，也是提高数学技能的有效方法。学生对数学思维的学习促进了学习转移的实施，特别是原则和态度的迁移，从而可以迅速提高学习质量和数学技能。

事实上，无论是同化还是适应，都是在原始的数学认知结构和新的数学内容之间转化为一方而适应另一方，这种变化就是化归或转换。化归或转换是一种数学思维方法，是数学思维中的"主梁"和本质。数学思想和方法源于数学认知活动，又反过来对数学认知活动起重要作用。数学方法代表了数学认知活动中数学思想的具体反映和体现。数学方法与数学技能密切相关。数学技能必须通过方法体现，方法由数学思想引导和控制。因此，数学思维方法是数学认知结构中最活跃的因素，也是现实中的认知因素。将数学思想和思维方式转化为学生自觉的习惯的过程需要多种数学方法和教学方法。我们应该以激发学生的积极热情和主动性为主要目的，取得学生对数学思想和思维方式的认同，最终成为学生自己的思想观念。单一的教学方法只会使课堂枯燥乏味，使学生难以接受，甚至难以达到高质量教育的目的。

数学课是一门基础课，它是教师应用自己的创造，将数学思维教学与教材知识相结合而组成的课堂教学。这就像雕刻艺术品，最后将它们组合成一个完美的整体。数学思想教育的有效性是深远而永恒的，不可能简单地以成绩作为唯一的评估标准。当他们在未来的工作、学习和生活中有意识地、习惯性地运用数学思想和思维方式并从中受益，从内心产生对教师的尊敬，这才是高素质数学教育的最好结果。

对学生进行素质教育最重要的是解决功利主义的问题，从以"知识中心"转变为以"人"为中心，把书籍教育的内容扩展到社会，教师和学生都参与教育。因此，在实践中教师要根据学生的人格需求和社会发展来确定科学内容和科学的教学方法，从而充分发挥学生的身心潜能，促使其将学到的东西内化为潜在能力和内在品质，可以随着思想"充分和自由发展"。从这一点看，高校学生素质教育的重点应该是通过专业知识教育和其他教育，将现代工业文明的最基本素质融入高校学生的文化模式和生存模式之中。

# 第二节　高校数学教学效率的提升

## 一、高校数学教学效率概述

随着我国经济发展水平和综合国力的提高，对人才的要求也不断提高，传统的教学方法已经无法满足社会发展对人才的需求。在《学会生存——教育世界的今天和明天》中，联合国教科文组织提出："在节约教育方面再没有比不浪费学生的时间更有成效了。"[①] 在素质教育理念下，培养学生的创新能力和实践能力，将为数学学习和数学教学的高效率注入新的内涵，对提高数学教学质量和学习质量提出新的要求。数学教学内容越来越多，教学要求不断提高，课时却逐渐减少，这就迫切需要提高数学教学效率，因此，教师要重视提高数学教学效率。

### （一）高校数学教学效率的内涵与本质

关于效率的解释，一个最为普遍的说法是效率是单位时间内完成的工作量。对教学效率的理解并没有统一的意见，总结起来有广义和狭义之分。从狭义的角度看，教学效率是具有相对性的一个概念：在学习成果相同的情况下，学生用的时间较少，那么教学效率就高；在相同的学习时间之内，获得的学习效果越好，表明教学效率越高。要理解这个概念，必须把握好效率的两个维度——综合效果和时间。它们的确切关系是教学效率 = 综合效果 / 时间。站在多维角度进行分析，给出教学效率广义定义，可以这样理解：学校教育教学活动会受多元教育资源的影响，这里涉及的除了有时间方面的问题，还有教育资源这一元素。例如，投资和土地资源、信息资源、教材资源、教师资源、学生资源等都存在使用效率方面的问题，也就是效果与投入间的关系。从这一角度进行分析，效率概念具有多维度的特征。如果用直观公式对广义的教学效率概念进行说明，教学效率是教学综合效益，即教育综合资源获得的结果。

---

① 联合国教科文组织国际教育发展委员会编著；华东师范大学比较教育研究所译．学会生存 教育世界的今天和明天［M］．北京：教育科学出版社，1996．

就目前而言，教学研究领域对效率的分析有着片面性的特征。由于课程教学效率面向的是整个课程教学过程，因而其中涉及的主要元素是时间。对于每个人而言，时间是平等的，是每一个学生平等拥有的学习资源。而时间效率通常是容易实现量化分析的。但是，效率整体概念在教育研究以及课程评估反馈当中的价值也是不可忽视的。在对非实践性的教育资源价值进行评估与研究时，我们需要从广义范围内理解课堂效率。而本节将着重从教学与学习两个方面着手探究高校数学教学效率的问题。

数学可以称作人类宝贵的智慧财富。首先，数学是一种文化要素，而高校教育之所以将数学放在突出位置，主要有三个方面的原因。第一，数学是重要的定量分析工具，在社会科学研究领域发挥着重要的作用。第二，数学是培养学生逻辑思维的重要载体。第三，数学为科学美学的调整与优化提供了前提条件。由此可见，高校数学教育在学生的培养方面发挥着举足轻重的作用。在这样的背景之下，怎样提高数学教学效率，成了影响学生知识与技能发展和整体素质进步的重要因素。

高校数学教育的效率是指随着数学教育的进步，学生学习数学整体的时间利用率，也就是学生的成长水平。学生在数学领域的成长和发展不单单体现在学生的数学能力上，还体现在学生掌握的数学思维方法上。而培养学生的数学思维，也是高校教育的重要任务。高校教育并不能把全部的知识技能都教给学生，高校教育关注的是学生自主学习能力的发展，其根本目标是要让学生掌握自主学习的方法，从而促进自我发展。毕业后，有些人从事理论研究，有些人在继续学习，学习的定理和公式可能早已被遗忘，但通过高校数学教育，学生已拥有了学习和创新的能力。

研究高校数学教育效率的重要性，主要是及时发现和改进教育实践当中存在的缺陷与不足，如缺乏对教学效率的关注、教学内容过于抽象、教学方法落后等。通过研究高校数学教育的效率，努力增强高校的整体效率意识，为教学过程和评估制定适当的评估原则和方法，在教育实践当中进行反复深入的研究，从而探究怎样提升教学效率。将研究获得的教学效率提升方法在具体课堂教学中进行实践应用，从根本上提高教学效率水平。

## （二）高效率的高校数学教学的要素

### 1. 重视认知规律

要想提高高校数学教学的效率，首先需要考虑的就是要遵循学生的认知规律，考虑到学生的数学学习特征，保证数学教学能够最大化地满足学生的学习需要。以学生认知结构和心理规律为基础的数学教学能够促进学生数学知识与技能的拓展，同时能够提高学生的学习配合度，通过师生的协调配合，保证数学教育的整体效果，在有限的时间内完成更多的教学任务。

### 2. 科学评价手段

科学合理的数学教学评价以及对数学教学结果的反馈，在提高教学效率方面发挥着优势作用。要想提高数学教育的整体效能，让课堂教学更加合理有效，就必须发挥教学评估的作用。为了提高评价效果，需要在评价方法和评价主体的设置方面进行改进，运用丰富多样的评价手段。同时，需要将教师评价、学生自评、小组互评等结合起来，让广大师生都能够参与到教学评价当中，更加协调合理地对数学教育进行优化改进，增强教学效率与效果。

### 3. 现代教育技术

高效率的数学教育应该运用现代教育技术来反映现代数学教育的特点。随着现代教育技术在高校教育领域当中的广泛应用，传统的数学教育形式、内容和方法发生了翻天覆地的变化，同时拓展了数学教育的空间与范围，促进了教学方法上的巨大变革。在未来，要想进一步提高和改善教学质量，就要加强对现代教育技术的合理应用。

### 4. 增强效率意识

在全面提倡提高数学教学效率的大环境下，教师和学生应正确认识自己，增强效率意识，增强时间观念，并通过发挥主观能动性来优化教学状态，促进教学效率的提升。教师在教学当中要不断地完善自身教育教学素质，增强学生学习热情，将提高教学效率作为根本教育原则，进而改进学生的学习态度，增强学生的学习积极性。

### 5. 调动学习兴趣

如果要从心理学角度对学生的学习状态进行划分的话，可以分为主动学习与被动学习。高效率的数学教育应该是学生主动学习，所以教师要尽可能地调动学生的学习兴趣，为学生提供宽松平等的学习环境，从而增强学生的学习动力。在具体的教学实践中，教师要尊重学生的主体地位，给予学生充分的尊重与指导，明确学生的主体价值，促进学生创新精神和数学应用能力的发展。

## 二、关于提高高校数学教学效率的策略

通过采用适当的教学方法，在有限的时间和空间内增强学生的学习热情，使学生积极主动地投入知识体系建构中，能够明显提升数学教育效率，也能够丰富学生的学习成果。而学生所获得的学习成果除了体现在数学理论知识和技能方面，还有数学思维学习方法等，从而获得大量有效的知识，并培养学生的创新精神、解决实际问题的能力等，建立良好的情感、态度和价值观，促进学生的整体发展。高校数学教学效率提升的基本策略，主要包括以下六个方面。

### （一）增强高校数学教学的效率意识

教育效率意识是指教师对课堂教学影响的理解和认识，是对教学效果的一种期待以及指导理念。数学除了是一种重要的学习工具，更是一种必不可少的思维方法。另外，数学还是一种知识、品质、科学，在人才培养方面发挥着不可替代的作用。纵观目前的高校数学教育，在教学效率方面并没有高度重视。高校数学教学内容较为单一，教学方法比较落后，课程评估仅取决于考试成绩。师生在数学的教与学中获得的结果与他们的付出并不成正比。部分高校的数学课堂的不及格率很高。因此，迫切需要更新概念以提高教师和学生的效率。事实上，从教学本质上看，教师讲授的教学知识数量的多少并不是最关键的，更关键的是学生能够学习到多少的内容，并真正地将所学内容运用到解决实际问题方面。

在具体的数学教学中，教师不能单一地教授学生数学知识，更多的是指导学生掌握正确的学习方法，提高学生分析和解决实际问题的能力，加大学生创新思维的培养力度。只有掌握了数学学习的方法，学生才能真正适应大学生活，才可以为其他课程的学习奠定坚实基础。

为了实现高校教育教学效率提升的目标，教师要尽可能地在有限的教育时间向学生传授教学知识以及学习方法；学生要提高自身的学习效率，以便在有限的学习时间尽可能地掌握多元化的学习方法，促进学习目标的达成。无论是教还是学，只有充分提高效率，才能够让课程教学事半功倍。

### （二）重视和遵循学生的认知规律

在传统的教学模式影响下，课堂教学将教师放在核心地位，学生只能被动地接受知识的灌输，导致学生在数学学习当中面临极大的障碍。突出表现在：学生缺少数学知识内容的积累，也没有掌握科学化的数学方法，但是教师有着丰富的

教学经验，在数学方面也有很高的造诣，师生之间在理解能力与水平方面差异明显。如果一味地坚持以教师为中心，是不能够满足学生学习需要的。所以，在教育改革当中必须坚持以学生为本，考虑学生的认知规律，确立学生的主体地位。只有选用科学的教育方法，才能够使教学质量得到根本提升、教育改革目标得以顺利达成。

例如，极限的定义是学好极限、掌握好逼近思想的关键。早在 1821 年，著名的法国数学家柯西就用"无限接近"和"任意小"的描述性语言对极限进行概念描述，但是给出的描述并不精准。在这之后，德国数学家魏尔施特拉斯给出"$\varepsilon-\delta$"定义，才使这个问题得到有效解决。现如今，极限概念与理论已经形成，并在教学理论体系当中有所体现。时至今日，即使是当时伟大的数学家在理解极限的定义方面也存在各种困难和不确定。因此，目前的学生认为极限的精确定义难学是很正常的。我们有必要将这段历史告诉学生，让他们知道极限之所以很难学习，并非自己能力欠佳，而是因为极限概念过于抽象，而学生的思维水平还没有到达这样的层次。要让学生在数学学习当中不断获得成功的学习感受，提高自信心，促使其更加积极主动地投入数学学习中。

优秀合格的教师要站在学生的层面思考问题，给予学生更多的理解与支持。例如，在线性代数教学当中，国内的相关数学教材往往是先讲秩，然后再讲线性相关和线性无关，最后讲线性方程组，学生的理解难度较大。鉴于此，可以先讨论线性方程，然后是矩阵和初等变换，再自然地引入矩阵秩，回答解的存在性和唯一性。

教师要想提高数学教学的效率，仅仅对教材内容进行深刻而又全面的理解是不够的。近年来，关于教育的研究成果已经揭示了这一现象，假如忽视了学生，不遵循学生的认知和学习规律，是无法保证教学效率提升的。要想从根本上提高教学质量，更为有效的方法是将数学教学和学生的认知规律整合起来，避免教师一味地将个人主观认识与思想强加给学生。只有尊重学生主体地位的教师，才能够真正拥有高效率的课堂，并能为学生的长远发展奠定坚实基础。

## （三）优化课程体系和教学内容

目前，虽然有很多高质量的高校数学教材存在，但通过对这些教材进行分析可以发现，教材往往会将数学逻辑性与理论严谨性作为核心关注点，而教师更多地会将数学教学的侧重点放在理论知识以及数学理论之间的逻辑关系方面，存在着重古典、轻现代，重分析、轻计算，重理论、轻实践等问题。长期受到这样的教育模式影响，学生数学应用意识薄弱。虽然学生通过认真听讲的方式获得了大量的数学理论知识，但是利用所学知识解决实际问题的能力却得不到锻炼，在接下来的数学课程学习当中，会受到极大的阻碍。

优化课程体系和教学内容，首先，教师要加深对数学教材内容的理解，不再停留于对教材的表面和片面理解，而是探究数学教材的本质与内涵。合格的数学教师应该在教学时将原本复杂抽象的数学问题变得简单精练，同时向学生渗透数学思想方法方面的知识。

其次，在准备课程时，教师应该从学生的角度出发，认真全面地评估学生的知识水平，结合学生的认知特征和学习需要，在遵照学生认知规律的前提条件之下对课程内容进行合理安排，同时设置好课程深度。需要特别关注的是，保证教育内容与学生的学习需要相符，如此才能够让学生真正经历数学知识体系的建构过程，而不是机械性地复制。我们要认真细致地研究学生对旧知识的掌握水平，了解学生的知识层次，以便有针对性地为学生补充新知识。

然后，教师必须坚持以学生为中心，并将这样的教学理念贯穿数学教学全过程，以便促使学生主动地对所学内容进行反思，让学生对数学学习产生强烈的兴趣，以活跃的思维投入数学问题的解决当中。

### （四）注重教学方法的改革与创新

要想促进高校数学教学课堂效率的提升，重要的着手点就是课堂教学，特别是要改进课堂教学方法，对传统的教育方法进行改革优化，使其更好地满足如今教育改革背景下的要求。随着高校教育改革工作的深入推进，关于教育改革研究的热点之一是在教学研究的过程中将提升教学质量与效率作为重点。

真正的教育应该让人在学习的过程中自主自由地找寻大量对自身有帮助的东西，而并非把大脑当作一种容器，不断地填补东西。提升数学教学效率和质量的突破口是改革教学方法，利用创新性的教育策略满足学生多元化的学习需要，增强教学方法的指向性和科学性。在教学过程中，人们无法复制特定的教学方法，也无法始终如一地应用教学方法，即"教学没有固定方法，重要的是方法得当"。教师在选择和确定课堂教学方法时，需要保证方法选择的灵活性，具体要考虑学生的知识结构、兴趣爱好以及数学课堂的教学内容。在综合分析这几项要点之后，以此为基础确定教学方法。对于抽象知识的教学，要尽可能地选用化繁为简和生动直观的教学方法；对于开放性数学问题的教学，要尽可能地选用师生互动的方法。从学生能力培养的角度看，数学模型、数学实验等应当在课堂教学中进行合理应用。同时，对于每个课程内容，应该开发设计练习和讨论问题，以充分锻炼学生的思维能力。练习应有不同的形式，多层次，多规格，并应结合后续课程的主要需求。

高校数学教学和以往的数学教学相比有着更大的难度，特别是在概念与数学公式方面，工作量和复杂度都有了很大程度的提升，这让很多学生在学习概念公式时，容易出现混淆情况。在这一方面，很多专家已给出了有着个人特色的解决方案。例如，在函数极限问题上，相关专家总结出自变量的变化趋势有六种，而函数变化趋势是三种，有两种是极限不存在，又有两种固定趋势，在教学中可借助多媒体动态演示，给学生留下深刻的印象。还有学者总结了三对概念，即左右极限、左右连续、左右导数；三套公式，即求导公式、微分公式及不定积分公式，这三个公式互相联系。教师所追求的高效率教学不仅在有限的时间内使学生真正理解和掌握了知识，而且能把书本的知识转化为学生自己的智慧。

高效率的数学教学还应该与现代教育技术相结合，可采用"传统讲授，媒体演示，案例研讨"的方式，即教师传统讲授、多媒体影像演示、学生参与研讨相结合的一种课堂教学方法。对于多媒体在高校数学教学中的应用，可参考以下示例：关于函数 $f(x)$ 在 $x \to a$ 时的极限不依赖于 $x=a$ 点处的函数值，函数 $f(x)$ 在 $x=a$ 点处的连续性却依赖于 $x=a$ 点处的函数值的问题。极限概念体现了"运动地而不是静止地看问题"，其中有严密的逻辑推理，配以多媒体的讲解，可以使学生体验直观与抽象的联系，在观察中感知，在感知中加深理解，这对于提高教学效率非常有利。

在同一屏幕上展示三幅动画：第一幅是函数 $f(x)$ 在 $x \to a$ 时的极限等于该点处的函数值；第二幅除了函数在 $x=a$ 点处无定义外与第一幅一样；第三幅除了函数在 $x=a$ 点处的函数值比原来大 1 外与第一幅一样。这样，三幅图表达的函数在 $x \to a$ 时的极限都存在，并且极限值也相同；但是三幅图表达的函数是不同的，因为它们在 $x=a$ 点处的函数值不同。这表明函数 $f(x)$ 在 $x \to a$ 时的极限是不依赖于 $x=a$ 点处的函数值的。而第一幅图的函数在 $x=a$ 点处连续，第二幅、第三幅图的函数在 $x=a$ 点处不连续，这表明函数在 $x=a$ 点处的连续性是依赖于 $x=a$ 点处的函数值的。这些区别本来是学生容易混淆和出错的地方，此处用形象、生动的动画配合讲授，学生就比较容易理解和记住了。

### （五）将数学建模思想融入课堂教学

有些时候应该在数学课堂上加入前沿性方向与趋势的内容，如在课堂上引入软件和建模。在课堂中介绍建模思想，可以提高学生的学习效率和兴趣。因为不具备完善的原创背景，再加上课堂教学时间非常有限，在以往的数学教学中，教师很少会对前人的数学研究过程进行再现，因而对学生数学思想的完善和思维能力的发展有一定影响。而数学建模思想在数学课堂上的融入，能够有效改变这一现状，让学生对数学模型的认识更加深刻，同时可以对前人的研究结果进行更加深入的剖析。

大量的数学实践研究表明，在向学生传授数学知识的过程当中，重现前人的数学研究结果是可行的，而且数学建模的思想方法可以有效达到这样的目标：首先，尝试介绍原始背景和实际问题的定义和短语，利用现代化的手段进行公式的直接演绎，再运用通俗的描述性语言对严谨的数学语言进行转述。利用这样的方法能够让学生轻松掌握所学的数学知识，同时有助于加强学生对数学本质的认识，进而掌握数学建模的思想方法。数学模型在高校数学教育当中的作用非常突出，其优势在于可以降低学习与理解难度，使学生可以轻松运用定量方法来分析与解决实际的数学问题。

在课堂上选择数学应用实例建模和演示可以提高学生对数学实际问题的认识。对于普通高校来说，要想提高课堂教学质量，就要彻底突破传统的数学教育模式，有效运用现代化的教育思想理念与方法，加强对数学建模思想的应用，并对教学内容进行一定的删减，适当增加能够反映数学本质以及可以拓宽学生视野的例子。这样的课程设置方法可以有效活跃学生的数学思维，增强学生对知识的认知水平，让学生可以享受解决问题后的成功感受，从而保证学习效率和教学效率的同步提升。

### （六）建立科学的学习评价体系

提升教学效果的一个重要措施就是对教学效果和学生的学习效果进行科学化的评估与反馈。教育改革只有符合评估改革才能得到有效落实，才能被师生接受。理想的评估不仅可以测试学生的学习效果，还可以测试学生在课程中学到的技能和素质。评估方法不应该定义最终检查的结果，而应该定义通常的学习过程，如教师与学生的互动表现、第二课堂活动的参与、课后作业等。同时，高校数学教育评估应加强对教学效率的评估，评估方法和评估主体应多样化，使高校数学教育能够从根本上增强实效性，促进教学效率的全面提升。

综上所述，高校数学教育改革是重要的教育研究课题，而教育改革工作的顺利实施除了要具备丰富多样的数学知识，还需要激情、理性思考、有效的改革和创新战略。改革和探索的道路是无止境的。新时代的教师需要认识到，作为教师应该彻底消除功利主义的教育思想，在数学教育当中做到脚踏实地、持久不懈地进行教育研究与探索，充分展示个人的教育风格，丰富教育智慧，从而落实教师的责任，提高综合素质，更好地服务于学生以及教学改革。合格的教师仅仅依靠学生成长情况来对他们的价值进行判断是远远不足的，单纯依靠教师的论文成果评估他们的实际能力也是不够全面的。如果教师不愿意为了学生花费时间，那么这个教师是不合格的，也应该为此感到愧疚。

# 第三节　高校数学教学与现代教育技术的整合

## 一、高校数学教学与现代教育技术整合的必要性

在数学教育里应用现代技术是必然的趋势。而且，如今计算机技术已成为数学模型、数学运算和教学方法的重要组成部分。面对这样的教育现状，改革教学方法和手段已经势在必行。而数学课程教学方法改革的一个突破口就是加强现代教育技术的整合与应用，在新技术和数学融合的过程中为学生拓展和营造一个全新的学习环境，突破传统的教育模式，将以教师为中心的教育体系转化为以学生为中心的教育体系。然后，培养学生创新思维和精神以及实践能力，为社会发展新需求提供人才。这类课程的改革主要是教学方法的改变，即用更先进的技术为学生服务。多媒体技术的出现为我们提供了改进教学的新方法。

计算机科学与数学的结合主要是用现代的技术让教师上课形式更多样，让学生对知识更感兴趣、更想学习，想吸收知识，这才是真正有意义的学习活动。在全面提倡计算机技术与数学课程整合的教育背景下，通过对现代教育技术的合理化应用，将会在很大程度上提高学生的创新能力，增强学生发现和解决实际问题的能力，为高校学生的长远发展创造良好条件。

### （一）现代教育技术的内涵

我国的"现代教育技术"（Modem Education Technology）等同于国外的"教育技术"（Education Technology），指的是有效运用现代技术和心理学，对已有

的知识和工具进行整合，用最好的方法实现教学的最好的成果。其主要包括以下内容。

①利用现代科技成果进行教育资源的开发和利用。现在的教学用了很多科技成果（主要是投影和计算机），这些科技的发展让教学越来越多样化，使教学有了更丰厚的物质基础。基于传播媒介理论和视听教育理论，将视听媒体应用于教育，促进教育技术和资源的进步和发展。

②使用系统方法和教与学理论来探索和设计学习过程。教育技术有助于让教学效率更高，为学生的学习奠定理论根基。

③有效运用现代教育科技以及信息技术，获取丰富的学习资源，同时对学生的学习进行管理与评价。在教育信息化程度逐步加深的背景下，大量的现代科技成果开始在教育领域广泛应用（如线上的学习平台），有效拓展了学习资源，同时使教育资源的管理与应用拥有了技术手段的支撑。通过将计算机辅助信息处理技术进行合理应用，能够对学生的学习过程进行优化管理和科学化评估，为教学方法的改进创造良好条件。

在教育领域应用的现代教育技术主要包括多媒体和网络技术两个方面，能够促进传统教育模式的转变，特别是能够为学生创造一个信息化的学习环境，使学生可以在优质的学习氛围当中进行观察、思考，有效开发以及利用网络技术资源和软件资源，培育具备创新精神的学生和教学团队。

## （二）整合的必要性

教育技术的广泛应用推动着教育理念的转变与创新。通过应用先进性和实用性强的教育技术，可以有效地促进教育目标的达成。只有把教育技术真正和教育系统融为一体，才能够让教育技术显现出更大的价值。只有在使用"思想和创新"教育时，教育才能体现出具有新思想的人的价值。所以，要想让新技术和数学教学活动紧密整合，就要在教学实践当中树立正确的思想观念，如终身学习理念、开放式互动理念等。

教育观念的转变是现代教育技术与数学教育相结合的重要前提。在传统教育中，现代教育技术课程只向学生提供信息，没有和其他学科产生关联。在教学改革的过程中，教师需要不断地改变自己的思维，跟上社会的发展，有效地运用数学知识，将现代教育技术融入课堂，促进教学和学习效率的有效提升。

如何将现代教育技术手段与传统教育模式整合，提高课堂的效率，是值得教师探讨问题。例如，在板书和屏幕显示之间要怎么权衡？把计算机当作高端幻灯机不仅浪费资源，还会带来许多学习问题。数学知识有着很强的逻辑性，如果使用板书，学生可以前后联系，有思考的空间。但是，如果使用幻灯片，学生还没记住就过去了，根本没时间理解要学习的东西，影响上课的效果。每个学生的思维水平是不一样的，所以教师可以根据师生讨论过程，在黑板上书写整个问题分析的经过，同时在这一过程当中不断地增加和改变有关内容。教师写在黑板上可以给学生留下时间来思考问题，让学生有时间和机会思考、提问，这远远优于计算机屏幕的统一视图。

现代教育技术作为数学教学工具，在课堂教学当中应用，是想让现代技术和数学教育融为一体，就如同在传统教学当中运用黑板和粉笔一样自然顺畅。现代教育技术在课程教学当中起到辅助作用。但需要强调的是，辅助教育面对的并非教师的教学，而是辅助学生完成复杂数学知识的学习。教师在运用现代教育技术的过程中，必须考虑课堂内容，同时要评估学生的实际学习状况，合理组织课程内容，使课堂教学与现代教育技术进行最大化的互动整合，使其转化成为学生的学习资源。教育技术能够为信息获取、问题调查和问题解决提供必不可少的认知工具支持。受此影响，现代教育技术与数学教育的整合不仅能够为学生拓展学习内容，还能够促进学生知识体系的建立和知识内容的创造。现代教育技术在高校教育应用当中的优势作用主要体现在以下五个方面。

①提供理想的教学环境。现代教育技术创造了一个互动、开放和动态的学习环境，将多媒体、网络和智能结合在一起，用于高校的数学教育。课堂环境不仅限于学校建筑、教室、图书馆、实验室等学习领域，还包括学习资源、课程模式、教学策略、学习氛围、人际关系等。学生可以在这样一个理想的教学环境当中完成知识的学习与消化，动态化地完成课程知识的学习。

②提供理想的操作平台。现代教育技术能够有效拓展教学信息，丰富信息呈现形式，如文本、声音、图形、视频、动画等，为数学教育的开展提供理想平台。

现代教育技术等的完善以及应用，能够让以往的教学内容彻底摆脱教材的束缚，实现教材和教学内容的多元化。现代教育技术的再现功能可以让我们利用仿真分析的方法把握动态化的学习过程。现代教育技术的虚拟功能使教育内容呈现文本化的叙事模式，使学生能够步入微观世界和宏观领域。教育技术还能够为学生创设多元化的学习情景，刺激学生的各个感官，让学生产生身临其境的学习感受，帮助学生掌握和运用知识。先进的超文本功能可以实现教育技术的优化，并提供大量信息。通过对现代教育技术的应用，以往人们无法想象的教育课程都可以被轻松制作出来。现代教育技术有着强大的互动功能，能够强化人机互动，实现"人—机—人"的相互交流和互动学习。

科技的发展让数学建模发展更快，也让数学家存在于意识领域的数学实验转变成为现实可感的成果。

③构建了一种新型的教学关系。现代教育技术的辅助支持让原本的教育关系发生了极大的转变，尤其是改变了师生关系，优化了师生之间的和谐互动。教与学之间的界限变得模糊，师生关系变得更加平等。在如今的教育模式下，教师不再是课堂的主宰者，而是学生的指导者、协作者，还是学生亲密的朋友。在日常的教育教学当中，教师可以和学生进行实时和无障碍的沟通交流，使教学和学习更加有序地开展。

④更好地实现了教学的互动与合作。实际课程应该是教育主体（教师）和学习主体（学生）之间的互动过程。教师、学生、媒体和学习环境构成了复杂的教学关系，只有实现师生之间的紧密合作，才可以真正达成教学目标。现代教育技术在课堂教学中的融入为教学互动与合作提供了可能和必不可少的支持。在这样的情况下，无论是教师还是学生，都是信息的接收者和传播者。双重身份使教育者和受教育者能够建立互动，互相激励，互相指导。

⑤有利于学习形式的个性化。现代技术对于学生寻找学习方法很有帮助。学校课程越来越计算机化，教师和课本都不再是固定的，每个学生都可以根据自己的情况选择不同的学习目标，建立自己的学习进度，可以更好地实现自我价值。这样每一个学生都可以拥有个性化的学习空间，充分满足自己的学习需要，彰显了学生的主体价值。

现代教育技术的普及与应用，为高校数学教育提供了大量的数学素材，而这些材料具有超文本性的特征，更加符合人们的联想思维。在技术的支撑下，每个学生都能够获取丰富多样的学习资源，使学生可以高效率地完成学习任务，也让学生的主体价值得到发挥。而教师则扮演协助者和组织者的角色，能够从多个角度强化对学生的指导，为教学质量和效率的提升创造条件。网络资源让教材不再成为数学教学的限制，这些多样的网络资源可以拓展和补充教学内容，成为学生获取数学知识的重要来源，彻底打破了以往封闭孤立的课程体系，扩大了教学范围。

## 二、高校数学教学与现代教育技术整合的原则与策略

### （一）高校数学教学与现代教育技术整合的原则

现代教育技术的应用应该建立在高校数学教育改革基础之上。在这个平台

上，现代教育技术也必须满足数学教育的需要，因此在整合过程中应考虑以下四个原则。

**1. 理论与实践相结合的原则**

在教学改革的理念中，教师应该成为教学资源的开发者，为学生拓展和完善学习内容。在如今的教育背景下，加快现代教育技术与高校数学教育的融合是关键，更是理论与实践整合、实现学以致用的动力。从事高校数学教学的教师始终位于教学前沿，在大量的教育实践当中总结了大量真实和直接的经验。所以，高校数学教师在实现理论与实践结合方面发挥着至关重要的作用。对此，教师要注重对高校数学理论与方法进行深入剖析，找到促进理论与实践整合的最佳手段。除此以外，教师在教育活动当中要注意以高校数学特征为根据，探寻理论与实践整合的最佳时间组合，发挥高校数学教学和现代教育技术的整合优势，弥补不足，通过"双剑合璧"的方式，发挥整合效果。

**2. 研究性原则**

高校数学教学与现代教育技术整合需要体现出研究性原则，也就是在运用教育技术时，要为学生展示知识的拓展，提倡知识的学习与应用，进而实现能力的迁移。运用教育技术开展高校数学教育的重要目标是让学生在开放的学习环境中掌握解决实际问题的方法，提高自主学习的动力。

**3. 主体性原则**

从教育本质来看，教育技术的应用应该服务于教学需求和教学目标的达成。我们需要深刻地认识到，技术的进步以及普及应用是不能够取代人和人之间真实互动与沟通的，即使是有效的现代教育技术手段，也不能够取代师生之间的实际互动。将现代教育技术应用到高校数学教学实践中，可以培养学生的学习兴趣，为学生的主动探究和发现营造一个良好的学习情境。但在所有的教学行动当中都需要发挥好学生的主体作用，始终将学生作为教学核心。尤其是现代教育改革的方向是发展学生的主体性，让学生成为课堂学习的主人。所以，高校数学课堂教学需要的是激励学生探索研究和增强学生主观能动性的教育过程，需要将主体原则贯穿教学全程。如果将现代教育媒体充满整个教学过程，看似热闹，事实上学生却被视为可以随意填补知识的"容器"，学生处于被动的学习状态，那么学生的学习效率自然会大打折扣。

**4. 主导性原则**

现代教育技术在步入高校数学课堂之后，教师轻点鼠标就能够播放教学内容。

但是，这样的教学方法也有着一定的缺陷，那就是教师所演示的内容是事先预设好的，在实际教学当中就要找到将学生的想法引入既定过程的方法，从"以教师为中心"变成"以学生为中心"。

现代教育技术能够使教师轻松突破高校数学教育当中的难题，但是教育技术是不可能取代教师地位的。课堂上的激励、指导、培训、反馈等与教师的组织和引导是密不可分的。但是，通过运用现代教育技术可以在一定程度上取代教师复杂烦琐的工作，提高教育教学的便利性，让教师能够拥有更多时间与精力处理其他的教育事项，特别是以学生的个性化发展为核心，通过对学生的因材施教挖掘学生的学习潜能。但现代教育技术的使用应定位为"支持"，教师是教学过程中的主导者，教师应该发挥主导作用，不能在课程准备中只依赖软件备课、在课程中只依靠屏幕教学。

## （二）高校数学教学与现代教育技术整合的策略

高校数学教育与现代教育技术的整合是现代教育技术中高校数学教育的改革。这项改革工作具有较强的系统性特征，要想让改革工作有效推进，在整合方面要运用好以下五项策略。

### 1.深层次整合信息技术与高校数学课程

信息技术与高校数学课堂进行整合，使高校数学教育在性质以及内容方面都发生了改变。这样的变化有表面的，也有深层次的。很多教师可能认为信息技术只是优化知识展示的方法，这显然和利用面板以及运用电子设备不存在本质上的差别。而这实际上是一种表面的整合，这表明教师只是运用了信息技术，并没有从根本上改变教学方法。

增加整合深度的关键并非在于技术。假如整合浮于表面，不是因为教材现代化水平没有达到要求，也不是因为教师没有接受过足够的信息技术培训，而是因为我们花了很多时间和精力来制作课件，让课程材料有漂亮的图片和鲜艳的色彩。这就陷入了一种形式主义的教育局面，是肤浅的。

高校数学教育的关键并非学生背诵数学公式和记忆数学符号，而是要学到一种严密的逻辑思考方法。因此，思想和方法的整合是计算机科学与高校数学课程的深度融合。这种深度整合可以引导教师开拓性发展，从而取得更好的教学成果。这种深度整合必须基于一些数学问题，否则整合将成为无根之水。然而，整合不能局限于回答这些特殊的数学问题，而是要允许学生掌握数学实验和数学实验方法，让学生可以不断地思考和探索发现知识的方法与步骤，促使学生运用所学的数学思想方法解决实际问题，提高学习效率与质量，促进数学核心素养的提升。

### 2. 加强现代教育技术和教育理论的培训

加强现代教育技术和教育理论的培训，是促进高校数学教学和现代教育技术整合发展的基础和前提条件。现代教育技术属于物化技术与智能技术的结合体，有着较为复杂的系统，对教师的信息素质能力有着很高的要求。所以，推动二者整合的前提条件就是加大对教师的教育培训，使他们能够扎实理论基础，同时引导教师学习现代技术的应用和操作方法，让他们能够运用现代教育技术与理论改进高校数学教育。

### 3. 根据不同的学习内容选择不同的媒体

高校数学教学和现代教育技术整合的根本目的在于优化教学过程，服务于教学改革和学生学习能力的发展，推动教学效率的提升。在二者的整合当中，必须认真思考要选用怎样的媒体，以便激发学生的学习兴趣，提高学生解决实际问题和学习困难的能力。具体而言，为了让高校数学教育事半功倍，高校数学课程内容的设置和安排必须将学生的学习能力作为基础，要考虑到学生的知识发展水平和学习特征，同时也要考虑到学生差异化的学习需要选择最佳媒体，而不是一味地追求新奇和多样性，以免增加教学压力与负担。

如果教学内容是静态的，可以使用幻灯片投影；如果教学内容是连续的，则可以选择视频；假如高校数学教学内容过于复杂和抽象，在理解上难度较大的话，可以选用多媒体教学方法；假如开展研究性数学学习活动，可以将网络平台作为重要的根据。

### 4. 增强应用信息技术的意识

教师专业化的发展与成长是教学进步的动力。学习和使用信息技术实际上可以为教师提供更好的发展，它不仅可以增强知识，发展整体能力，还可以增强整体意识，改变教学观念。

但是，我们最终的目的是提高教学素质。使用现代技术，也是为了达到最后的目的。假如教师不具备较高的解决教学问题的能力，没有完善的数学思维和丰富的教学技能，是无法将信息技术和高校数学课程进行有效融合的，所以高水平的信息技术并不意味着高水平的教育。

没有经过实践的理论是空洞的，而缺乏理论指导的实践是盲目的，只能够变成一种简单单调和重复性的练习。在信息技术快速发展的背景下，教师应该注意不断提升自身的教学理论掌握能力，以便在实践教学当中更好地运用理论指导实践，避免出现盲目教学的问题。在具体的教学实践中，要让理论在实践中应用，将实践应用到测试环节，不断地丰富和完善理论。在这样重复化的演练当中，教师可以改进教学观念，实现学生的全面发展。

5."现代"型教师与"传统"型教师互相配合

整合计算机科学和高校数学课程的途径并非教师发展的唯一方法，运用现代化的教育手段以及将信息技术应用到教学当中常常需要耗费很长的时间。即使是解决一个小问题，也必须花费很多时间和精力，性价比太低。而且，要求每个人上课用多媒体，并让一些教师承受不必要的压力是不恰当的，每位教师的优点都不一样。在这种情况下，每个教师都应该做他最擅长的事情。无论使用传统方法还是现代方法，只要能够获得理想的教学效果，让学生真正学有所获就可以。好的教学方法是要将现代教师的教育技术与传统教师的丰富教学技巧整合起来，发挥各自的优势，相得益彰，全面整合计算机科学与高校数学课程，最大限度地发挥全体教师的作用，实现最佳的教育效果。

信息技术和课程的整合是一个不可能在一夜之间完成的巨大项目。而二者的整合并非固定模式，需要成为一种理念。在实际教学当中可以将信息技术作为教育工具，作为高校数学教育的一个好的帮手，但是不可以用信息技术代替教师的作用。所以，现代教育技术在高校数学教育当中的应用应该有一个度，不能盲目忽视教育教学内容和学生的学习背景，应该不断提高教师的综合素质，实现教师教学和现代信息技术教学的优势互补，从而增强高校数学教学的生命力。

# 参考文献

［1］黄永辉，计东，于瑶．数学教学与模式创新研究［M］．北京：中国纺织出版社，2022.

［2］何天荣．数学教学艺术研究［M］．延吉：延边大学出版社，2018.

［3］张登华，段馨娜，许传江．数学教学与模式创新［M］．北京：中国商务出版社，2019.

［4］赵翠珍．数学教学理论与实践研究［M］．北京：北京工业大学出版社，2020.

［5］张晓贵．数学教学研究方法［M］．合肥：中国科学技术大学出版社，2017.

［6］张定强，张炳意．数学教学关键问题解析［M］．北京：中国科学技术出版社，2020.

［7］唐小纯．数学教学与思维创新的融合应用［M］．长春：吉林人民出版社，2020.

［8］程丽萍，彭友花，欧阳正勇．数学教学知识与实践能力［M］．哈尔滨：哈尔滨工业大学出版社，2018.

［9］陈峥嵘，林伟．基于核心素养的数学教学设计与研究［M］．沈阳：辽宁大学出版社，2021.

［10］谢颖．高等数学教学改革与实践［M］．长春：吉林大学出版社，2017.

［11］赵彩霞．兴趣导向在数学教学中的引导性分析［J］．中国教育学刊，2023（S1）：89-90.

［12］黄康芳．高等数学教学创新与优化的思考［J］．产业与科技论坛，2023，22（03）：171-172.

［13］许聪聪，王钥．"双高"建设背景下高等数学教学模式改革与实践［J］.

石家庄铁路职业技术学院学报，2022，21（04）：98-102.

［14］张忠毅.高校应用数学教学改革与学生应用数学意识的培养策略［J］.黑龙江科学，2022，13（21）：49-51.

［15］丁晗.高等数学教学中高中与大学衔接问题的探讨［J］.吉林省教育学院学报，2022，38（11）：110-113.

［16］沈利玲.师范生数学教学技能培养的实践研析［J］.公关世界，2022（18）：124-126.

［17］刘长亮.基于创新能力培养的高校数学教学改革探索［J］.产业与科技论坛，2022，21（16）：182-183.

［18］李艳春.建模式教学方法在高等数学教学中的应用［J］.黑龙江科学，2022，13（11）：150-152.

［19］王雪.数学建模视角下的大学数学教学研究［J］.吉林工程技术师范学院学报，2022，38（06）：40-43.

［20］曹学勤.数学建模思想在高校数学教学改革中的应用［J］.湖北开放职业学院学报，2022，35（09）：145-146.

［21］贾悦悦.高校数学师范生教学技能学习投入度影响因素研究［D］.济南：山东师范大学，2022.

［22］张苗苗.线上教学过程中大学生数学学业成就影响因素研究［D］.济南：山东师范大学，2022.

［23］谢振宇.应用型本科院校高等数学教学过程性评价的实验研究［D］.石家庄：河北师范大学，2020.

［24］刘林.高等数学分层教学的统计依据［D］.成都：成都信息工程大学，2020.

［25］陶美兰.数学问题情境特征要素分析及应用研究［D］.南京：南京师范大学，2020.

［26］梁运梅.高校数学教学名师课堂提问行为的个案研究［D］.桂林：广西师范大学，2017.

［27］杨德志.高等数学教学研究网站的设计与实现［D］.青岛：青岛理工大学，2013.

〔28〕陈秀群.高校自主招生考试中的数学试题研究〔D〕.济南：山东师范大学，2013.

〔29〕孙嘉欣.数学史在高等数学教学中渗透的研究〔D〕.大连：辽宁师范大学，2012.

〔30〕刘冬梅.大学生数学建模竞赛与教学策略研究〔D〕.济南：山东师范大学，2008.